U0169023

PU JIANG
YI WAN

SHANG HAI XIN JIANG WAN CHENG DE QIAN SHI JIN SHENG

浦江一湾

上海新江湾城的前世今生

赵勇 著

上海人民出版社　　学林出版社

序　言

原上海市建设委员会副主任　谭企坤

上海市区的东北角，有个地方叫江湾。

江湾、江湾，黄浦江河口处的第一个大转弯。20 世纪 30 年代，江湾建造了军用机场，1994 年停用。长年的军事禁地，少有人烟，林灌、森林、湿地等生态环境复出，重新串起了接近"原生态"的自然脉络。

自 1997 年起，原空军江湾机场转为民用地，经历了以大型居住社区规划为指导的局部开发，后又为符合上海现代化国际大城市发展的更高目标，重新进行了规划调整，提出了建设世界一流的"21 世纪知识型、生态型花园城区"的目标，努力为承载上海经济发展空间布局调整和城市形态优化的功能，承载社会、经济、文化、生态资源均衡配置的空间需求，承载人民对"城市让生活更美好"的时代期许出一份力，以形成面向国际、以生态为特色的一流品质居住区，以科创为引擎的产业功能区，以多元为形态的综合性城区，才有了今天的新江湾城。

新江湾城的崛起，值得我们去记上一笔，因为新江湾城是上海建成卓越全球城市中不可或缺的一个章节，是至今还在不断完善中的可总结的新型城区。

2018年1月，作为一个曾经的参与者，我来到新江湾城，参观了被誉为三张"名片"的江湾湿地生态展示馆、精品住宅首府和产城融合示范科技园区——湾谷，我倍感振奋，新江湾城已经取得显著成绩，并不忘初心继续发展，值得回顾总结，供借鉴。

因此，当赵勇提出要编写新江湾城二十年，我从心底里表示赞许，并愿意提供全力支持。

城市是经济发展在空间上的投射，在经济发展的不同时期，城市发展也面临相应的机遇和挑战。新江湾城的规划建设，即处在上海建设现代化国际大都市进程的重要语境中，并渐次展示了对上海城市发展不同阶段需求的呼应和引领。

二十年来，在上海市委、市政府对土地开发理念的前瞻思考和正确领导下，在杨浦区政府和市区各相关部门的大力支持下，上海城投开拓创新、倾力打造，使新江湾城通过规划与实践，总结出一套以"统一规划、社会协同、生态开发"为总体特征，城市社会、经济、文化、生态和谐发展的方案，率先为城市规划建设实现空间布局合理、城市规模控制、生态环境保护、人居环境优良、特色风貌保留、城区运行安全、管理体制健全的目标，提供了一个可供借鉴的模式，成为践行城区发展规律和理想的示范案例。

如今，新江湾城已从曾经的江湾机场华丽转身，成为宜居、宜业、宜创的中心城区最优质生活区，成为联合国开发计划署（UNDP）、环境规划署（UNEP）认定的"联合国环境友好型城市示范项目——国际生态社区"，被杨浦区政府规划为"国际化、智能化、生态化"第三代国际社区。

还原新江湾城的前世今生，包括她的建设背景、推进过程、实施效果，毫无疑问，是可以发挥其"存史"作用的。这是一段不该被湮灭的历史，也是一个与上海城市发展亦步亦趋的历史，因此，她的价值应该是长远的。另一方面，也不仅仅为了"存史"，也是为了"更新"。新江湾城的从无到有、历久弥新，离不开改革攻坚的勇毅笃行，也得益于创新驱动的澎湃动力。沿着新江湾城创新实践的发展脉络，我们能够清楚地看到创新发展理念是方向，坚持创新发展是制胜之道，我们能够在贯彻落实创新、协调、绿色、开放、共享的发展理念中，抖擞奋发有为的精气神，以改革激发动能，以创新擘拿未来。

我热切地期待赵勇能够讲好新江湾城故事，并且预祝《浦江一湾——上海新江湾城的前世今生》受到读者的喜爱和欢迎。

是为序。

2019 年 10 月 30 日

目　录

追梦

引 子

2017 年 11 月 6 日，清晨。

太阳刚刚升起，淡淡的晨雾还没有完全消散，原市建设党委书记李春涛就从家里动身了。不是因为年纪大了、习惯于早睡早起的缘故，尽管他已年近 80，但睡眠一直都还好，并没有因为年龄的增长而改变了生活规律。今天，他之所以早起，是想早一点赶到新江湾城，参加上海市住房和城乡建设管理委员会老领导参观新江湾城活动。

这是后来老领导李春涛对我讲的。

我提出要去接他，他坚决拒绝了。他说，若是说好让小车来接，就得在家坐等，坐等是一种煎熬，一会儿看钟，一会儿看表，得不停地估摸着小车什么时候到，还不如自在一点，早点出门，反正自己的腿脚还利索，那就利利索索地往新江湾城去。或许是一直都在关注新江湾城，他对新江湾城地区的

2017 年 11 月 6 日，市建委老领导参观新江湾城

交通太熟悉了。他说不像刚刚开发那阵，交通布局没有完善，进出的确不太方便。

新江湾城是上海中心城区最大规模的可供集中开发利用的土地，四至范围东起闸殷路、西达逸仙路、南至政立路、北抵军工路，总面积达 9.45 平方公里。原先作为江湾空军机场，可以无须公共交通，但是，随着一个以多元为形态的综合性城区的形成，公共交通布局的日渐完善也就成为新江湾城建设中的题中之义。

我曾经是他的属下，在他担任上海市建设党委书记时，我还是一名年轻的工会干部。一晃，都已经 20 多年了。

我没有想到市建委老领导对于这次活动会这样上心。

清波路 58 号，这是一栋由上海城投——新江湾人自己在这块土地上建造的办公大楼，一栋外观漂亮、富有特色风格的建筑。李春涛赶到时，才刚刚 9 点多一点，说好的活动时间是 10 点，他原以为自己来得早了，想不到却是"莫道君行早"，该来的差不多都来了，包括原市建设党委副书记陈策、市建设党委秘书长严鸿华、市建委纪委书记徐海峰等。

这次活动，我在 8 月间就开始筹划了。

其实，城投集团 2017 年就想总结一下新江湾城开发的历程，毕竟 20 年了，已经名声在外。不只在上海，就是在全国，新江湾城也是一个土地开发的范例。

牟头总结的事情最终落到了周浩身上，不仅因为他现在是城投集团的副总经理，也因为他与新江湾城有缘，早在 20 年前，他为开发新江湾城来到城投，也是最早的一个开拓者。周浩把任务布置给城投集团下属的置地（集团）公司，然后，置地（集团）公司搭建了一个班子，花了大心血，最后，由胡剑虹博士主笔，撰写了一篇《呈现区域规划建设新范例，承载上海城市发展新梦想——新江湾城"21 世纪知识型、生态型花园城市"规划与建设二十年（1997—2017）成果总结报告》。我是目前在新江湾城这片土地上的唯一一个自始至终见证新江湾城变迁与发展的人，从新江湾城开发 5 人小组到上海城投置地（集团）公司人事总监、工会主席和纪委书记，我始终没有离开新江湾城一步，我应该是被征求意见的一员吧。但是，一个人的经历以及视野毕竟有限，我懂得"兼听则明"的道理，因此提了一个建议：何不把市建委老领导们也请过来一起征求呢？

"这是一个绝好的主意！"童素正第一个表示支持，"这是好事情，市建委老领导一定开心。"她在担任市城投总公司党委副书记、纪委书记、工会主席时，是我的直接领导，那时，我兼任过城投总公司工会副主席。果然不出她所料，她在市建委老干部活动时讲起此事，老领导们的情绪十分热烈，谁都想参与这个活动，都想看看曾经为之呕心沥血、倾力而为的新江湾城。这让童素正很是兴奋，她向他们保证，此事就由她来落实。此时，正是全国上下喜迎党的十九大之际，举办这样一次活动，真是一桩好事情、一桩有意义的事情！

城投集团的现任领导也特别重视，专门听取意见，提出要求，并明确由集团分管副总经理具体负责。此事既然是我提出来的，自然也该由我去具体操办。事实也是，我受命承担了选择日期、排定内容、安排接送等一应任务。

20 年后再在新江湾城相聚，一见面，李春涛就感慨万千："我们的建委干部真好，20 年了，还想到让我们这些老同志回来看看。"陈策、严鸿华和徐海峰等也有同感……

大家一起来到了四楼接待室，城投集团副总经理陆建成十分热情地向各位老领导汇报新江湾城的开发情况。

回来看看，与新江湾城发展息息相关的两个仪式是不能不提的——

第一个仪式是《江湾机场原址部分土地使用权收回补偿协议》签署仪式。1996 年 5 月 1 日，中国人民解放军空军后勤部和上海市建设委员会分别受中国人民解放军空军和上海市人民政府委托，在人民大道 200 号市政府三楼会议厅，签署了《江湾机场原址部分土地使用权收回补偿协议》。根据协议，上海市人民政府收回江湾机场原址中 9000 亩土地的使用权，由市建设委员会负责支付空军后勤部土地使用权收回补偿费 30 亿元人民币，并牵头进行综合开发。协议约定，空军后勤部在 1996 年 9 月 1 日向上海市建设委员会移

1997 年 4 月 30 日，公司成立挂牌及土地交接仪式

交 2000 亩即可开发土地，并在 1997 年 5 月 1 日前拆除其余收回土地上的全部地上建筑物、构筑物……收回的土地根据上海市总体规划，由军事用地调整为民用建设用地。出席仪式的甲方代表是空军后勤部副部长雷国保，甲方上级主管单位代表是中国人民解放军空军副司令吴光宇，乙方代表是上海市建设委员会副主任谭企坤，乙方上级主管单位代表是上海市人民政府副市长夏克强。

第二个仪式是江湾机场原址 9000 亩土地交接暨上海市新江湾城开发办公室、新江湾城开发有限公司揭牌仪式。1997 年 4 月 30 日，江湾机场原址 9000 亩土地交接暨上海市新江湾城开发办公室、新江湾城开发有限公司揭牌仪式在广电大厦举行，上海市政府副秘书长吴祥明、黄跃金，市建设党委书记李春涛、副书记陈策，市建委副主任谭企坤、市建设党委秘书长严鸿华、空军后勤部副部长雷国保等 84 位来宾出席。

提到这两个与新江湾城的诞生与发展息息相关的仪式，自然就不能不提另一个人——谭企坤。

"老谭怎么没来？"李春涛顿时感到奇怪，问童素正。

我所得知的一个信息是：谭企坤去了国外，不过，即将回国。后来才知道，这是误传，说不清楚是从哪里得来的信息。"那就等他回国后，再请他来新江湾城看看。"李春涛他们当时就提出了这样的要求，上海城投以及置地集团领导们也做出了这样的允诺，而作为活动组织者的我更是这样希望着。因为在新江湾城的发展历程中，谭企坤始终起着不可或缺的重要作用，他既是决策者，也是见证人之一。

谭企坤终于被请来了，在时隔两个多月以后，以请上海城投老领导参观新江湾城的名义把他请来的，他在担任市建委副主任一职时，兼任过上海城投集团前身——上海市城市建设投资开发总公司的总经理。

那天，一同前来的还有原城投集团副总经理何大伟，原城投集团总经济师费力夫，原城投集团财务部总经理王岚，原新江湾城开发公司党支部书记、总经理刘建士等。

前后两次活动安排的是同样的，看新江湾城的三张"名片"。第一张"名片"是生态"名片"——生态展示馆，第二张"名片"是

原市建委老领导二十年后看江湾老照片（蒋申夏　摄）

精品住宅——首府，第三张"名片"是科技园区——湾谷。

对于前后两次活动，我后来特地制作了两册限量版的影集——《喜迎十九大，金秋看江湾——市建委老领导参观新江湾城》和《二十年后，再聚江湾——市城投老领导参观新江湾城》。我在两册影集的序言中，都简要地记下了当时的场景。在《二十年后，再聚江湾——市城投老领导参观新江湾城》序言中，我是这样记录的——

2018年1月17日，寒冬凛冽，晨雾蒙蒙。新江湾城，一座承载上海新梦想的新城区，迎来了曾经为之呕心沥血、倾力而为的上海市城投总公司的老领导们。从1996年的军用机场用地到2017年的第三代国际社区，20年，新江湾城的成功凝聚着各级领导、广大建设者和社会各界的支持。

岁月如梭，时光易逝，深耕20年，把她从"昨天"的沉睡中唤醒，换来"今天"的精彩。

精彩20年，谨以此册留下我们美好的回忆。

新江湾城始终是一座承载着上海梦想的新城区，两册限量版的影集给活动参观者留下了美好的回忆，能不能让新江湾城的20年建设经历成为更多人的共同回忆呢？

我为之怦然心动。

位于江湾地区的上海市政府新厦

浦江一湾

寻梦

新江湾城前期发展阶段：在经济增速发展时期，呼应经济发展对城市空间结构功能调整的需求，新江湾城完成土地收储及用地性质转变，形成大型居住社区规划。

上 海 新 江 湾 城 的

前
世
今
生

第一章　从殷行镇到江湾机场

　　要说今天的新江湾城，就必须从江湾机场说起。人尽皆知，新江湾城是在江湾机场这片土地上建起来的。

　　而江湾机场建造前后的那段历史同样不能被忘却，尽管能够叙述这段历史的大有人在，但是，见诸文字的却不多。为了探秘，我曾到位于杨浦区恒仁路128号上的杨浦图书馆新馆，泡了整整一个星期，这座被誉为"上海小故宫"的80多年老建筑经过4年精心修复，刚刚对外开放。说来也巧，在图书馆里，我遇到了一位热心的金先生，当他听说我要写江湾机场时，表露出相当支持的态度，并主动说愿意帮我，因为他是负责城建方面的。在他的帮助下，我寻找到了一些资料，在我所收集的历史记载中，当数一个名叫应民吾的作者叙述得最为详尽——

1. 殷行镇的盛衰

从五角场沿淞沪路一路向北，过了三门路，就开始进入原江湾机场地界，原江湾机场地界包括了最早的殷行镇。因此，要说江湾机场，就不得不先说殷行镇。

殷行镇，又名殷家行，得名于明朝人殷清。

殷清，字西溪，松江府上海县人。明正德年间曾任上林苑录事，上林苑录事从九品，官职卑微，故此，殷清后来就弃官从商。当时，他看好宝山县虬江（今杨浦区域内的一条河流）一带地域，就在此开店。而后，此地形成集镇，名为殷行。

最初的殷行，不过东西一大街，长不及一里，大小商店40余家，早市寥寥，日晡以后，始行交易，因此，凡茶蔬鱼肉，均于隔日购备，虽盛暑亦然，故称"夜市"。岁月流逝，殷行市面渐盛。最盛时，东西镇街竟有三里之长，附近形成了20多个自然村。镇上建有葛尚书庙、白衣庵、玉泉庵、信民庵、江申土地庙、文昌阁等，可见当时人烟何等稠密。境内有东西流向的河流6条，还有南北向的随塘河，不过，河流时有淤塞，遇暴雨即泛滥成灾。

殷清经商后富甲一方，为人乐善好施。

明嘉靖元年（1522年），殷行地区遭受灾害，殷清出粮六千石赈济灾民。但是，他又不愿显名邀功，于是便号召说，有能够挑土来堆于我屋后的，我愿意拿粮食来换。灾民知其善意，纷纷背负肩挑送土堆山。嘉靖四年（1525年），又逢天灾，殷清则开仓济贫。两度赈灾，殷清以他的善举庇护了一方百姓，让灾民度过了荒年，

日军焚毁殷行镇

而殷家屋后也已有土山堆成，灾民又为土山砌石、植树、修筑亭阁，依乡名命名为"依仁山"。

宝山县历史上曾经有过两座山。

一座是明永乐十年（1412 年）平江伯陈瑄在清浦寨堆起的宝山；另一座就是明嘉靖年间殷清在殷行镇堆起的依仁山。殷清去世后，筑墓依仁山。明代邱集曾在《依仁山记略》一文中称，父老语往事相与流涕，引子孙拜西溪翁遗像。另据清光绪宝山县志记载推算，依仁山至少存在了 400 多年。

回头再说殷行。据称，光绪十年（1884 年），殷行还开办了宝山（当时属于江苏）境内最早，也是上海最早的牧场陈森记。至民国年间，由于与繁华的虹口、航运枢纽的吴淞、工业发达的杨浦邻近，殷行渐次兴建、兴办道路、电厂、实业，于 1928 年，从宝山县划归上海特别市，称殷行区，当时的面积为 30.27 平方公里。

此时的上海，刚刚进入民国"黄金十年"（从国民政府 1927 年

4 月 18 日定都南京，到 1937 年 11 月 20 日迁都重庆）的大建设时期。上海特别市政府欲在租界之外，建设一个文明程度足以与租界匹敌的新上海，因此于 1929 年 7 月上海特别市政府第 123 次会议通过了《大上海计划》。在《大上海计划》中，将北邻新商港、南接租界、东近黄浦江、地势平坦的江湾一带（约 7000 亩，合 460公顷土地）划为新的市中心区域。

殷行距离"大上海计划"拟建的新市中心——五角场不远，发展前景看好。

日军的侵略行径，却改变了殷行的命运——

1932 年"一•二八"事变爆发，殷行处于日军驻军（虹口、杨树浦）和增兵（吴淞）的地点附近，成了中日军队拉锯战波及的区域，人们避祸战乱，市面顿时萧条。

时任第八十七师第二六一旅旅长的黄埔一期生宋希濂后来在其回忆录《鹰犬将军》中提到两军在殷行附近的部署与交战："本旅接防后，积极增修工事，并派出少数搜索部队渡过河去，施行威力侦察，与日军警戒部队常有小接触，在殷家行附近的日军炮兵，常不断向我射击"，"而我左翼部队的绕袭，更使在殷行镇附近的敌军炮兵阵地感到威胁"。

1937 年 8 月 13 日，淞沪会战开始。在此次战役前期，殷行北面的吴淞是日军的主要登陆点，9 月 6 日，日军在离殷行更近的虬江码头登陆后，殷行南边不远的复旦大学、江湾镇成为中国军队"以血肉作长城"的又一阵地。

历史在此有了一个巧合：在这一区域作战的中国主力部队——第三十六师的师长，正是宋希濂。这次，他的部队的战区，与 1932

年时相去不远，多有重叠。三十六师血战两个多月，部队多次补充新兵（如第二十二团原有 2000 多人，迭次补充的新兵也达 2000 多人），阵地岿然不动。直到 11 月 5 日，日军在金山卫登陆后，三十六师才随全军撤退。

1939 年，日军强行驱逐并且杀戮殷行古镇和周围几十个村的村民。据统计，1933 年，殷行镇有正户 3629 户、附户 3425 户，共42229 人，到了 1940 年，居民锐减为 4130 户，共 20114 人。在杀戮和驱逐村民之后，日军将殷行这个有 400 多年历史的古镇付之一炬，圈地 7000 亩建造军用机场——江湾机场。

2. 不能不提及的《大上海计划》

在提及江湾机场之际，绝对不能不提及《大上海计划》。

民国十七年（1928 年）正式出台的《大上海计划》是以当时西方最先进的城市规划理念打造而成，以建立一个理性、效率、秩序的新中国都市生活为主旨，以动员民族主义、促进民族认同为目标的都市规划。在这样的理念指引下，上海特别市政府也极力主张另辟新区建设一个理想中的现代都市，以对抗以租界为中心的旧有上海政权。新区的中心就选择在租界以北、邻近吴淞港口的江湾五角场镇地区。

1929 年 8 月，上海特别市政府成立市中心区域建设委员会，掌管《大上海计划》建设事务。次年 5 月，该委员会编制出《上海市中心区域道路系统图说明书》，为中心区域其他设施计划的制度奠定了基础。同时，为通盘筹划全市建设，他们还向特别市各局印

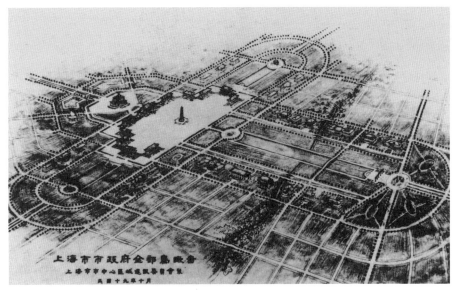

上海市市政府全部鸟瞰图

发《大上海计划目录草案》，要求他们提供必要的资料。同年6月，再编制《上海市全市分区及交通计划图说明书》，将上海市城市规划的范围确定为黄浦江以西，北新泾、虹桥以东，漕河泾以北的地域。根据此说明书，全市规划为商业、工业、商港、住宅等不同功能分区，同时还提出兴建水道、干道系统的计划。随后又编制了《上海市新商港区域计划草案说明书》和《大上海计划图》，并于1930年开始具体实施。也就是说，《大上海计划》从1930年起开始实施，直到1937年八一三事变后才最后停止。

《大上海计划》是依据当时最先进的城市理念设计的。如为了编制《市中心区域计划图》，委员会邀请了美国市政工程专家费立伯、龚诗基来沪咨询。其中费立伯采用霍华德花园城市的理念，将市中心区域（北邻新商港（吴淞港）、南接租界、东近黄浦江的江湾东部地区约7000亩土地）的主干道系统设计成环形放射状，次要道路则是棋盘式与蛛网式并用。市中心区域所设计的公园、园林等，更是霍华德理论的翻版与实施。

此外，《大上海计划》中的《上海市市中心区域详细分区计划说明书》中将市中心区域及其相邻部分划分为政治区、商业区和住宅区的功能分区理念，显然是来自当时最为时尚的芝加哥学派的城市功能分区理论，甚至把住宅区分为甲类高尚住宅区和乙类普通住宅区的观念也与芝加哥学派的代表人物伯吉斯（E.W.Burgess）的五个圈层理论不谋而合。而将纪念性建筑如中山像、市政府大楼等置于城市中心的设计，又是出自当时流行的城市建设规划，即用占据城市空间中心的方式展示上海特别市政府的威权。环绕市政中心所修建的图书馆、博物馆、美术馆等，也是为了彰显国民政府所强调的科学、秩序、理性等观念。

总之，这一时期城市规划与营造管理的理念，从今天来看仍是十分先进和实用的，并为后来的上海城市规划积累了档案资料，形成了一定的工作程序和规范，对新中国成立初期开展城市规划进行城市建设管理大有裨益。由于当时国民政府实际控制区域仅为江浙一带，完全无力支撑如此规模宏大的城市建设，《大上海计划》的市政建设不久便出现捉襟见肘的窘况：无力支付已圈土地原业主的费用，计划修建的市政工程资金迟迟不能到位，公用建筑追求外在形式所导致建设经费不断追加等。事实上，在八一三事变之前，市中心区域的建设便处于不断缩减规模、许多规划修建的设施不得不延后的状况，特别是收买土地的费用一再拖欠，引发当地百姓的强烈不满。八一三淞沪会战彻底粉碎了日本"三个月灭亡中国"的计划，但对于上海而言，淞沪会战直接中止了《大上海计划》，并导

致五角场地区此前数十年的建设成就几
乎全部毁于兵火。

但近十年的建设还是彻底改变了这
一地区的景观，在原本以农田为主的乡
村景观中耸立起连片的城市建筑。如
《大上海计划》标志性的建筑，今上海
体育学院行政楼的市政府大厦，其东西
两翼的市图书馆、市博物馆。环绕这些
标志性建筑的是环状的府东外路、府西
外路，并以此为中心形成了放射性的道

大上海都市计划档案

路体系。市府大楼南侧还建有卫生试验所、市立医院，北侧是中国
工程师学会工业材料试验所和国立上海音乐专科学校等单位。

除了这些公共建筑外，住宅区也开始兴建。其中，最为著
名的是位于市中心的民京路两侧的 36 幢独立式住宅，民间称为
三十六宅。这是《大上海计划》兴建市政府大厦时由信谊信托社
筹建的 36 幢独立式花园住宅，建成后卖给市政府的高级职员和大
资本家居住。同时还有菜场、商店等，形成一个完整的城市生活
区域。

当然，最直观、最突出的影响是江湾五角场地区的道路命名系
统：譬如中原路、民府路、民生路、国权路、国和路、国定路、市
和路、市兴路、市京路、政肃路、政通路、府东路、府西路等，这
些都是《大上海计划》留存至今的痕迹，当时市中心区域新建道路
就是以"中""华""民""国""上""海""市""政""府"作为第一个
字命名的。

3. 日军在远东最大的军用机场

日军毁灭殷行镇之后修筑的军用机场——江湾机场，于两年后完成。

在这个过程中，关于日军如何强征民工、加紧建造军用机场，如何在建造完毕后，以极端方法处置这些民工的情况，至今未见记载。但是，日军在江湾惨绝人寰的暴行，可见于 2015 年 8 月 3 日《虹口报》所载——

在纪念中国人民抗日战争胜利七十周年的日子里，市民沈丽珍以自己母亲三次在日本侵略者屠刀下死里逃生的经历，控诉日本侵略者带给中国人民的空前劫难。沈丽珍母亲的遭遇是被日本侵略者残害的千百万中国人中的一例，窥一斑而见全豹，日本侵略者在中国犯下的罪恶行径罄竹难书。追溯日本帝国主义对中国的一部侵略史，在我国明朝就有记载倭寇对江湾屡有侵犯。因江湾近江近海，是通向市区的战略要地，明代中期，被中国人称作倭寇的日本侵略者，就多次从海上突袭上海，而江湾首受其害。明嘉靖二十三年（1544 年）闰三月，倭寇由吴淞口登陆，将江湾镇洗劫一空后，全镇家舍店铺几乎被焚烧殆尽。

江湾古镇地理和建筑多有特色，河网交错、阡陌纵横，多桥多树多水乡，更多园林别墅；江湾古镇原有历代古刹十多座，其中创建于五代十国时的保宁寺、建于北宋时的崇福寺等均有近千年历史；江湾古镇教育事业源远流长，官学、私塾、义塾、书院在明清时期已有发展。民国后，因江湾紧靠市区，但地价较市区便宜，有不少学校迁入，或在镇上创建，办学、任教者多有名人学者。就是这样一个地域美丽、富有文化底蕴的古镇，在"一·二八"事变和八一三战役中，江湾街市、寺庙、乡公所机关、医院、火车站、学校、大量居民住宅等被日军肆虐的炮弹变成满目疮痍。罗列一组实例，即可清晰地看到一座文化古镇是如何变为废墟的。

江湾境内的劳动大学、立达学园、爱国女中等校均被炸毁；曾被《申报》称誉为"沪上私立中学之冠"的粤东中学，亦于1937年毁于日军炮火。在原江湾火车站附近的劳动大学门前，原来树立有孙中山先生的纪念碑，这是江湾民众于孙中山先生逝世后募款建造的。碑高三丈有余，地基占200多平方米，于1929年10月10日落成。碑上有文化名家易培基"景行百代"、谭延闿"独有千秋"、蔡元培"俟圣不惑"等题词。落成仅三年，就毁于"一·二八"事变的日军炮火。

20世纪20年代时，江湾镇上有很多外来富商建造的私家花园，如北弄（今新市北路）有甘姓广东人建的甘家花园，面积2.33万平方米，院内多奇花异草；车站路（今车站南路）有吴县潘姓者建造的潘园，面积8000平方米，为现代风格的简约结构；吴家湾有张家花园，面积4600余平方米，建有楼台亭阁，栽有名贵树木，幽雅别致；还有江湾著名中医蔡章（蔡香荪）所建的蔡家花园等；在走马塘南竹行桥东有浙江镇海庄姓人家建造的庄园；另在镇东（今仁德路东）有花园式墓地——薛氏坟山，内有小河、大树、假山、荷花池、葡萄棚等。日军罪恶的炮火使得这些有着鲜明江南风情的园林不复存在。

江湾因为与被日本势力控制的虹口毗邻，而成为日军施暴的重灾区。江湾人惨遭杀戮，尸横遍野；古镇瓦砾成堆，几成废墟，日本侵略者在江湾惨绝人寰的暴行不胜枚举。"一·二八"事变中，方浜村、景德观、张家巷、夏家塘等地遭遇日军屠村。

据 2015 年 8 月 3 日《虹口报》所载：日军为全面侵华战争需要，建造江湾机场。在江湾、殷行地区强占土地 1.4 万亩，52 个乡村被毁（殷行镇全毁），强拆民房 1000 多间，造成 6000 多乡民流离失所。为建军用仓库、兵营及汽车修理厂，强圈村民土地，使 300 多户乡民无家可归。

建成后的江湾机场规模占地 7000 亩，有 4 个指挥台，跑道长 1500 米，用三合土与沥青混合浇铸而成。多条跑道组成"米"字形，飞机可以从各个方向起降。

江湾机场成为当时日军在远东的最大的军用机场。

4. 传奇飞行员邢海帆

对于日军在上海的 5 个机场，当时的中国空军尚无力远道前去奔袭。但 1941 年 12 月珍珠港事变之后，在原先美国航空志愿队（飞虎队）部分人员的基础上，组建了美国驻华航空特遣队，稍后升格为美国陆军第 14 航空队，由陈纳德任少将司令。

1943 年初，世界反法西斯阵线开始转入对德、意、日法西斯轴心国的反攻，日军在太平洋战场上已经转为全面防守的态势。中国最高军事当局接受陈纳德的建议，于当年 10 月成立了中美空军混合飞行团，又称中美空军联队，参加中、印、缅战区空中战场对日军的反攻作战。

在这里，我们不能不提一个传奇式的中国飞行员——邢海帆。

这个笕桥空军军官学校的毕业生曾经先后在成都、柳州陆军军官学校接受入伍训练，随后又到云南楚雄、昆明接受初、中、高级飞行训练，在这段时间里，他苦练精飞，成为同期学员中的佼佼者。1941 年 10 月，美国根据租借法案，为打击日军空中力量，决定培训一部分中国空军飞行员，但要经过严格的考核选拔，而负责考核的军官就是大名鼎鼎的陈纳德将军。这个永远叼着大烟斗、歪戴大檐帽的美国飞行军官担任当时国民党空军的总顾问。在空中战场，他令日军飞行员害怕；在考核飞行现场，他也让许多中国飞行员汗颜。经过层层筛选，从整个中国空军中挑选出 100 名优秀飞行员，分两批赴美留学深造。年轻的邢海帆顺利通过了陈纳德的技术考核，被选拔去美国，学习试飞当时最新型的战斗机。

1942 年 10 月，邢海帆和其他赴美受训人员终于完成训练任务毕业回国。当时，中国处在抗战的艰难阶段，回国不久，邢海帆就投身如火如荼的抗日战场。在他的再三请求下，他调入中美空军混合团第三大队第二十八中队任分队长。转入作战部队不久，邢海帆奉命和战友们为进行"驼峰空运"的运输机护航。每逢他驾机飞在高耸入云的横断山脉上空时，望着山谷里、山坡上闪烁着耀眼光芒的坠毁飞机残骸时，心中充满了对日本侵略者的仇恨。

1944 年 7 月 8 日，美军飞机首次空袭驻扎在上海的日军。11 月 10 日，美军飞机对日军开展大规模轰炸，主要空袭江湾机场、龙华

位于江湾地区的上海市图书馆

机场和停泊在黄浦江中的日军军舰等，在这个过程中，日军只进行了零星的高射炮还击，飞机并未升空应战。美军飞机成为上海日军的噩梦。据上海地方志记载，从 1944 年 7 月起的一年间，美军至少 12 次轰炸上海的日军目标，其中，多次针对包括江湾机场在内的 5 个机场。

1945 年初，美军侦察机的照片显示日军正在上海郊区扩建机场。情报人员认为，扩建机场的目的是将菲律宾的日机转移过来，以防它们在那儿被美军摧毁或缴获。

日军的扩建之举得到了史料的印证。上海市民陆金生 2012 年在报纸上撰文说："而 1944 年，也是我们陆家难以忘怀的一年。这一年是离日本战败日子不远了。然而日本侵略军为了作垂死挣扎，原本占据了大量江湾乡农民的土地已建造了江湾飞机场，现在又要扩建江湾机场。我们陆家宅位于淞沪路西首,也未能幸免于难。日本侵略者把我们陆家同其他附近村的农民从家园赶走。手无寸铁的普通农民有什么办法呢……"

1945年1月17日,陈纳德麾下第十四航空队第二十三战斗机大队的20架P-51"野马"战斗机从位于江西赣州和遂川的基地奔袭而来,轰炸了大场、虹桥、龙华这三个日军机场,共有73架日机被摧毁,成为第二十三战斗机大队历史上最成功的一次攻击行动。3天后,第二十三战斗机大队再度飞临上海上空,这次把江湾机场和丁家桥机场也纳入了攻击目标。

1945年4月上旬,邢海帆又参加了另外一次较大规模的空中进攻作战,远程奔袭日军在上海各机场的轰炸机,目的是配合美军在琉球群岛的登陆作战行动。当时,日军航空兵从上海出动轰炸机和自杀敢死队性质的"神风"攻击机轰炸美国海军舰艇和登陆部队。此前不久,邢海帆所在的第三大队换装了40多架美国最新型的P-51"野马"战斗机。4月1日7时,邢海帆率队从陕西安康基地起飞,经湖北、安徽、江苏,历时4个小时,飞临浓雾弥漫的上海上空。邢海帆奉命率队冲向江湾机场,发现一架日机正在跑道上强行起飞。他抓住战机,立即瞄准攻击,日机中弹起火,坠地爆炸。他们拉起飞机后又与日机进行空中格斗。狭路相逢勇者胜!看着机舱外一架架冒着黑烟向地面坠落的日军飞机,邢海帆兴奋地在无线电话中大声呼叫:"又击落一架!又击落一架!"作战行动持续了3天,中美联合空军连续出击,取得了较丰硕的战果。

在整个抗日战争期间,邢海帆参加过数十次对空、对地作战行动,先后驾机击毁日本占领区的20多个火车头,炸毁日舰数艘,击毁击伤日机 8 架，获奖章、勋章多枚，并受到当时美国总统罗斯福颁发的团体荣誉勋章，晋升为空军上尉军衔。

至于邢海帆在开国大典上第一个驾机飞越天安门广场上空受阅，就是后话了。

5. 与江湾机场有关的那些事

在 1945 年 9 月 4 日夜，一架美军 C-54 运输机降落在上海江湾机场。这架飞机上乘坐的主要人物是中国军队第三方面军的两位副总司令张雪中和郑洞国。他们前来接收被日军占领了 8 年的上海。

27 岁的上尉参谋黄仁宇和其他 24 名军官士兵也在这架飞机上。黄仁宇后来在《黄河青山》《大历史不会枯萎》等书中回忆这一刻时写道："我们的 C-54 下降时，看到边缘尚有 20 多架驱逐机一线排列整齐，机翼、机腹上的红圆徽令人触目惊心。""前来迎接我们飞机的日本陆军及海军军官，一点没有我们预期的不快或反抗态度，他们举止体贴有礼，甚至显得快活。"

1945 年 8 月 15 日，日本裕仁天皇通过广播发表《停战诏书》，宣布无条件投降。9 月 2 日，日本外相重光葵在美国军舰密苏里号上签署投降书。

1946 年 3 月，黄仁宇随调任东北保安副司令长官的郑洞国前往锦州。大约两个月后，国民党军宪兵六团从南京来到上海，等待去东北的船。这个团中有一个叫王鼎钧的 21 岁新兵，是前一年 10 月初中毕业投笔从戎的。他在江湾机场看到，机场在遭受多次

抗战胜利后的江湾机场

轰炸后尚未修复，仍由日俘继续施工。这时的江湾、杨浦一带，原先日军的军事设施尽数被中国军队接收，日俘主要关押在江湾的集中营。

1945 年的江湾机场，见证过陈纳德、陈香梅的小别重逢。1946 年 5 月，"美龄号"专机载着蒋介石视察南京、上海和北平。专机就降落在江湾机场。

抗战胜利之后，江湾机场驻扎过国民党空军的第二战区司令部和多个大队。1947 年底之前，美国空军也曾驻扎在这儿。

江湾机场还送走过到东京参加远东国际军事法庭、对日本战犯进行公审的中国驻日军事代表团。1946 年 5 月 27 日晨 7 时，代表团一行 15 人来到江湾机场，乘坐中国空军第八大队派出的 B-24 轰炸机飞赴日本。

在机场，有记者问代表团团长、陆军中将朱世明，为何不坐客机而坐军用轰炸机？朱世明的回答是：我们是以战胜国的姿态去的，我们乘坐的 B-24 轰炸机除了不携带炸弹外，机关炮是不能拆卸的，以示我们的国威军威。

时针很快走到了 1949 年。一天，国民党空军从江湾机场、南京明故宫机场空运 55.4 万两黄金到台北松山机场，并入蒋介石秘密运往中国台湾的 400 多万两黄金之中。5 月 16 日上午，蒋经国坐专机离开江湾机场，前往浙江定海向蒋介石汇报上海军情。5 月 22 日，当他乘飞机想降落在江湾机场时，接到了地面指挥部的紧急报告：江湾机场已经落下解放军的炮弹，不可降落。从此蒋经国告别上海。

在解放上海之前，中共地下组织曾有策反国民党上海驻军起义、实现和平解放的计划，其中江湾机场就是重要的一环。当时，国民党军队第四兵团中将副司令兼参谋长、曾任蒋介石侍从的中共地下党员陈尔晋有一整套方案：策动驻在江湾一线的装甲部队，在适当时机开进江湾机场，截断空中退路，策动第四兵团、第五十四军等守军，在解放军接近上海时停止抵抗。但 1949 年 5 月，地下党内出现叛徒，向上海警察局局长毛森交代了陈尔晋策动起义的计划，陈尔晋夫妇被捕后于 19 日就义。

5 月 24 日，国民党军队撤离上海，炸毁了江湾机场的油库。王鼎钧在其回忆录《关山夺路》中说："通往吴淞口的公路上……一路上右方和后方远处几处火头，后来知道国民党烧毁了汽车千辆和机场仓库里的物资。"

之后在台湾被誉为当代散文"崛起的脊梁"的王鼎钧爬上一条意外而至的运兵船，仓皇而去。而黄仁宇则在那个月从香港前往横滨，加入中国驻日代表团，两年后赴美读书，之后成为历史学家。

　　江湾机场后归解放军空军第四军使用，1994 年 6 月起停飞。因多年来一直是机场，部分土地植被繁茂，河泾自流，加上此后近几年的停飞，生态居然恢复到了 400 多年前殷清来到此地时的面貌，其中很大一部分因此成了上海市区最大的一片湿地。

　　直到 1997 年，市政府正式收回江湾机场的土地使用权，实施开发建设。这个区域，现在称为"新江湾城"。

上 海 新 江 湾 城 的

前 世 今 生

第二章　筹建新江湾城

　　"新江湾城"一名的出现，并非是无中生有。在不少历史性文档中，"新江湾城"是曾经被称作"江湾城"或"江湾新城"的。虽然只是一字之变，但是，从一般城市居住区的克隆到生态型、知识型城区的营造，其内涵却发生了根本性变化。

　　这也被日后新江湾城规划的不断更新、不断创新所证明了的。

1. 上海是真的"赚"了

　　其实，同意迁建空军江湾机场，腾出机场内1.08万亩土地和部分部队营房，交给上海市，供市政建设使用，最早予以明确的日期可以上溯到1986年5月20日，那天，国务院、中央军委就已经作出了《关于迁建空军上海江湾机场的批复》，这份批复

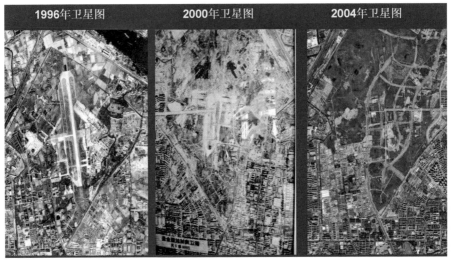

1996 年、2000 年、2004 年江湾地区航拍图对比

直到今天仍然可以在网上查到——

国务院、中央军委关于迁建空军上海江湾机场的批复

上海市人民政府，空军、海军：

一九八四年七月二十八日沪委发 235 号报告悉，现批复如下：

一、同意迁建空军江湾机场，腾出机场内一万零八百亩土地和部分军队营房移交给上海市，供市政建设使用；由上海市新建一个机场和相应的营房，给军队使用。

二、新建机场位置，同意在上海市南汇县周浦镇东南七公里附近勘选。其规模与江湾机场等同，场道规格可在原规模基础上将新建主跑道的长度、宽度和厚度调整为 3200×50×0.3 米。用地面积控制在五千亩左右。新建机场所需经费、材料、基建计划指标以及有关征地、动迁等各项工作均由上海市人民政府负责解决，所需基建投资规模应纳入国家下达给上海市的"七五"基建规模之内。请严格按基建程序进行建设前的各项准备工作，有关机场的设计与施工，由上海市人民政府与空军商定。建设进度根据资金、规模和材料落实情况，在年度计划中确定。

三、为搞好新机场的建设与江湾机场的搬迁工作，责成上海市人民政府与空军有关单位组成联合委员会，由市人民政府领导牵头，有关单位领导同志参加，负责解决、协调机场迁建中的有关事宜。对部队由于搬迁而带来的工作、生活上的实际困难，请上海市人民政府给予照顾解决。

国务院

中央军委

一九八六年五月二十日

为什么1986年5月发的文件，迟迟没能实施呢？我去新江湾城体育中心锻炼身体，很巧，在那里遇见了20年前为了江湾机场开发走到一起的原空军房管局局长薛润虎。他当时问我："退休了吗？在忙啥？"我说："去年刚刚退休，现在闲下来了，在整理新江湾城开发历史。"于是，我顺口问起："您是老江湾了，您知道1986年中央军委关于机场的批文吗？"18岁就在空军江湾机场服役，1994年担任空军房管局局长的薛润虎，对此印象深刻。他说这就是当时号称的66号文。据他所知，当时好像还成立过一个"66办"的机构。迟迟没有实施搬迁的原因固然很多，但当时新的机场到底是选址在南汇还是崇明，好像是其中一个不小的原因，但以后也少有人提起此事了。

在后来参与洽谈并且签署《江湾机场原址部分土地使用权收回补偿协议》的部分人员的回忆里，最为清晰的记忆是 1995 年 9 月 28 日中共中央十四届五中全会通过的《关于国民经济和社会发展"九五"计划和 2010 年远景目标建议》，因为这是中国社会主义市场经济条件下的第一个中长期计划，也是经济和社会综合发展的跨世纪宏伟蓝图。在已有的改革成果基础上，促进改革深化、促使经济社会全面发展、实现人民生活从达到小康水平到小康生活更加宽裕的进步，成为了"九五"计划实施期间的主要奋斗方向。

因此，可以这样说，在 1996 年 5 月 1 日，中国人民解放军空军后勤部和上海市建设委员会分别受中国人民解放军空军和上海市人民政府委托，签署《江湾机场原址部分土地使用权收回补偿协议》之前，关于这块土地的初步规划已经有了雏形。

1996 年 5 月 1 日，《江湾机场原址部分土地使用权补偿协议》签字仪式举行

曾担任过上海市土地局局长的谭企坤，一次和我们聊起当年参与江湾机场原址部分土地使用权收回补偿洽谈的情景时说，市政府对这项工作相当重视，由分管副市长夏克强牵头。当时，市规划局、市房地局、市建委、市计委等有关同志均一起参加洽谈的，前前后后好像一共谈了三四次，其中有我们去北京洽谈的，也有他们到上海来洽谈的，但总体感觉，双方都是十分友好，而且卓有成效的。这时，我们双方都已经充分意识到，在改革开放不断深入的态势下，江湾机场的存在制约了上海城市发展。比如因为江湾机场的缘故，五角场地区一直都有建筑高度的控制，因此始终不能建高层。同样，上海城市发展也限制了江湾机场本身作用的发挥，江湾机场由于处在市中心，因此空军飞机的起降、频速、次数等也大受制约和限制。

江湾机场由军事用地调整为民用建设用地势在必行。

2019 年 6 月 3 日，原上海市副市长夏克强，在宛平南路 75 号市建科大厦 15 楼接受《上海城市发展》杂志采访时，是这样谈及原江湾机场由军事用地调整为民用建设用地过程的，他说：上海的发展，有许多宝贵经验，特别是中央政策的支持。如土地使用制度、"九四专项"，还有是非常精彩的机场建设。有一个重要的前奏，是搬迁江湾机场，江湾机场是空军的用地，征用需要经过中央军委同意。当时，上海市的领导就向中央军委汇报，最后得到了中央军委的大力支持。当时支付了 30 个亿人民币，之后又帮军队在崇明岛建了机场设施，花了大约 7.5 亿人民币。现在看来，新江湾城的开发，上海是真的"赚"了。

2. 上海四大跨世纪居住小区的缘起

上海居，大不易。

作为特大型城市，上海的住房需求巨大。但是，在 20 世纪 90 年代，低矮的房子连成一片、狭窄的过道杂乱不堪、一间旧房三代同堂，一只马桶拎了几十年的棚户区并不少见……中低收入人群渴望摆脱"蜗居"、改善居住条件问题成为了民众最普遍、最强烈的心声，也一直被政府部门视为一道高难度的"方程"。上海城区寸土寸金，逐年稀缺的可用土地造成房源十分短缺，粥少僧多，要改善市民居住条件确实谈何容易。

在签署了《江湾机场原址部分土地使用权收回补偿协议》之后，上海有了一种解除"心腹之患"的感觉，在"住有所居"的保障蓝图的筹划中，《全国建设市场信息》不失时机地刊出了"上海将建四大跨世纪居住小区"的消息——

> 1997 年 12 月，正逢上海召开第七次党代会，上海住宅建设提出了"九五"期间加快住房建设和旧区改造的步伐，实现竣工住宅 4500 万平方米的总量目标，上海市已确定在内、外环线之间，东西南北方向上各建一个大型的居住小区，即东为宝山区的"江湾"、西为闵行区的"春申"、南为浦东新区的"三林"、北为普陀区的"万里"。这 4 个大型住宅建设小区用地总量达 2.4 万亩，建筑面积规划逾 1000 万平方米，设计入住人口 46 万。这 4 个居住小区开始进入实质性启动开发阶段。

这 4 个面向 21 世纪的大型居住小区，在规划布局、单元设计、公建配套、环境绿化、物业管理和社区管理等方面，将站在更高的起点上。位于东面以江湾机场为中心的"江湾机场居住区"，规划住宅建筑面积 300 万平方米，居住人口 16 万，是 4 个新小区建设中最大的一个；南面的"三林城居住区"横跨浦东主干道杨高南路两侧，其中包括了南平、永泰、金光、连江等 4 个新村；闵行区"春申居住区"位于梅陇、莘庄、颛桥三镇交界处，由现代化居住、商贸、商住、宾馆等建筑群构成，居住小区档次较高；北面普陀区"万里居住区"位于外环线内侧，近真如火车站，该小区统一规划，分 4 期建设，约 5 年时间建成。

有关专家指出：规划建设上海 4 个跨世纪大型居住小区，将根据以人为本的原则，特别强调居住便利和环境优雅的功能，小区设计既要突出现代品位，又要考虑民族特色，同时还要重视市政公建配套。

民生意蕴在房中，这是让人感到欣慰的。

在我所掌握的一份历史资料中，仅邻近原江湾机场的杨浦居民，其住房窘迫程度就是难以想象的：20 世纪 80 年代，随着人口的增加和成片危棚简屋无法继续修缮使用，杨浦百姓居住困境日趋严重，无房住、挤房住、私建房住的情况普遍存在。有份数据让人觉得格外揪心：截至 1990 年底，全区棚户简屋、零星危房和积水地段住房居民 42000 多户，绝对数占全市第一。而这还不包括亟需改建的 19000 多户二级旧里和"二万户"地区居民。

偌大的江湾机场由军事用地调整为民用建设用地，并开发为跨世纪大型居住小区，又怎能不让人感到欢欣鼓舞呢？

3. 成立新江湾城开发有限公司和开发领导小组

签署《江湾机场原址部分土地使用权收回补偿协议》是1996年5月1日，根据协议，空军后勤部将在1996年9月1日先期向上海市建设委员会移交2000亩即可开发土地，仅有4个月时间。

箭在弦上。于是，由上海市建委牵头，组建一家综合开发公司迫在眉睫。

当时，我记得是1996年六七月间，上海市建委专门召开会议，讨论和审议江湾机场开发实施方案，在会议上，一是明确了规划定位和开发性质，新江湾城是以住宅为主的综合开发区，是上海市拟建设的东、南、西、北4个示范居住区中的一个居住区。按照城市副中心的规划定位，除建设住宅外，还将建设商业、文教、生产、娱乐、市政设施等，其规划及建筑标准将面向21世纪水平。住宅以安居房、市政动迁用房为主，是上海主要安居房基地之一；二是确定了开发体制，成立"江湾城开发领导小组"，负责开发的组织协调，拟由市政府副秘书长黄跃金担任江湾城开发领导小组组长，市规划局、市房地局、市电力局、市公用局、市住宅发展局、市城投总公司等有关部门的领导出任领导小组成员。江湾城开发领导小组下设办公室，成立"江湾城开发公司"，具体实施江湾城的开发。江湾城开发领导小组办公室与江湾城开发公司实行两块牌子、一套班子，并明确：江湾城开发公司直属上海市建委。

我在整理新江湾城历史资料时，正好找到两份极其珍贵的历史性文件：一份是 1996 年 8 月上海市建设委员会沪建经〔96〕第 0701 号《关于成立上海江湾城开发有限公司的函》，另一份是 1997 年 1 月上海市建设委员会沪建干〔97〕第 0009 号《关于建立上海市新江湾开发领导小组的通知》，兹录于下——

关于成立上海江湾城开发有限公司的函

上海市工商管理局：

为加快上海城市建设，改善上海市民的居住条件和生活环境，上海市人民政府决定对江湾机场原址的 9000 亩土地进行综合开发，并指示由上海市建设委员会负责，为落实这项工作，经我委研究决定：成立上海江湾城开发有限公司。

上海江湾城开发有限公司的责任，一是通过江湾机场土地开发，回收市政府为收回江湾机场 9000 亩土地而支付的补偿费；二是对江湾机场 9000 亩土地的国有资产保值增值；三是按照规划定位，把江湾城建设成为城市副中心和北部示范居住区，为跨入 21 世纪的安居房、市政动迁用房、商品房及其配套的市政、公建和交通设施，提供建设用地。

一、公司名称和性质：公司全称为上海江湾城开发有限公司，其开发资本由城市建设资金投入，具有国有独资公司的性质。

二、经营范围：

主要经营：土地开发、土地转让；安居房、平价房、商品房；房屋物业管理、房屋建筑装修。

兼营：建筑材料、五金、百货、餐饮、食品、家用电器、服装鞋帽的批发零售业务，并拓展旅游、运输、工贸实业等业务。

三、注册资本：公司注册资金总额为人民币5000万元。

四、注册地址：浦东崂山东路585号。

五、企业法人代表：王金才。

请贵局准予上海江湾城开发有限公司工商登记。

上海市建设委员会

一九九六年八月二十六日

关于建立《上海市新江湾开发领导小组的通知》

上海新江湾城开发有限公司：

根据市府领导意见，为进一步加强新江湾城开发建设的领导，建立上海市新江湾城开发领导小组，现经与有关单位研究，决定由以下同志组成：

组　长：黄跃金　市政府副秘书长

副组长：张惠民　市建设委员会主任

　　　　谭企坤　市建设委员会副主任

　　　　杨　雄　市计划委员会副主任

组　员：夏丽卿　市规划局局长

刘红薇　市财政、税务局副局长

吴念祖　市市政局副局长

芮友仁　市公用局副局长

胡寿佛　市电力局副局长

毛佳梁　市住宅局副局长

殷国元　市房地局副局长

李文清　市邮电局副局长

孟忠伟　宝山区副区长

沃永光　杨浦区副区长

特此通知。

上海市建设委员会

一九九七年一月三日

　　一切都在紧锣密鼓地进行着，尤其是新江湾城的规划定位、开发性质和体制一旦明确后，班子的搭建就十分关键了，这可把上海市建设党委干部处忙坏了。不过，在很短的时间里，新江湾城开发的两块牌子、一套班子就出台了：刘建士，任党支部书记兼副总经理（开发办公室副主任），他曾是市建设党委组织处处长；王金才，任总经理兼党支部副书记（开发办公室主任），他曾在市住宅发展局任配套处处长，专门从事大居住区开发建设；王苏中，任副总经理（开发办公室副主任），曾任市建委计划处副处长；李长明，任副总经理（开发办公室副主任），他曾在中星集团负责工程建设。

　　万事开头难，此刻，上海东北角，江湾机场的开发一应具备，这就像一艘舰艇等待启航了……

4. 最初的"筹建五人组"

90年代的上海，是城市建设和发展的大好时期，是"一年一个样、三年大变样"的实施阶段，能遇上江湾机场9000亩土地开发这样的大项目，机遇千载难逢。前面提到的四位领导均是由组织选择和安排的，而我与新江湾城的结缘，倒完全是出于一个偶然。

1996年5月1日，《江湾机场原址部分土地使用权收回补偿协议》签署，并且约定，其中的2000亩即可开发土地先期移交，建设用地必须由人管理，项目的开发急需人才，这个项目超大、投资大、周期长、社会影响大，因此当时建委机关内部想下去的人确实很多，大家都对这么大的项目十分看好，相当感兴趣。

面对一个迎面而来的新挑战，年轻人更是都跃跃欲试，我也不例外。

不过，我说不出口，因为自己刚刚从市房地局机关调到市建设工会不久，屁股底下的凳子还没有坐热，不能立马起身走人，也不敢有这个想法。我一直都认为，工会是锻炼人的地方。我在1984年经组织推荐，进上海师大政教系脱产培训后当上工会干部的，1987年在市房地局基层单位当工会主席，1990年调去市房地局工会，时至1995年3月，市建设工会副主任李玮珍物色到我，把我调去市建设工会。从基层工会到局工会再到系统工会，对于我来说，始终是一种提升，工会承担着对职工的思想政治引领、组织动员职工建功立业、竭诚服务职工群众和维护职工权益的责任，因此，有人说，当好工会干部的过程，就是成为"通才"的过程，因为除了要掌握马克思主义基本理论之外，在工作中还要涉及哲学、经济学、法律、营销学、心理学、人才管理学、公共关系学等诸多学科，当然，还要懂一点文学艺术，甚至懂得休闲娱乐等各种项目，那样，就可以融入于职工群众之中。此话不假。也正是因为方方面面知识的涉及，就能够充实自己、锻炼自己、提升自己。"欲穷千里目，更上一层楼"，到了市建设工会层面，视野宽了，更需要把知识面拓展得更广、更深，因此，我不能有非分之想。

但是，机缘就是这样，它说来就来。

上海市建委机关每年组织机关干部分批体检，体检一般安排在杭州的华东疗养院，3天2夜。1996年的夏天也不例外。我们市建委政工处室干部集中成一批，去杭州体检，临行之前，市建委政工处室的那些桥牌爱好者就找到我，说是：赵勇，你能不能顺便组织一次桥牌赛，丰富一下疗养内容。我当时身兼市建委桥牌协会副秘书长，对我来说，组织一次桥牌赛自然是不在话下。桥牌赛第一天，时任市建设党委组织处处长的刘建士就不在状态，不少人因此觉得奇怪，直到吃晚饭时，他才道出了个中缘由：前些日子，市建委领导找过他，明确了他的新任命，去组建一家新江湾城开发公司，眼下，领导班子人员已确定，就缺一个办公室主任了，虽说建委人才济济，但真要找到一个能够马上抽身出来、既具有方方面面协调能力又肯扑下身子干实事的人，一下子也有些难。他正在这里发愁，旁边就有人接过了话："什么难找？此人就在眼前！赵勇呀！"说此番话的是市建设党委办公室副主任胡洪威。他之所以熟悉我，是因为他也是从市房地局机关调来市建委的，我们在市房地局就共过事。当时，刘建士只是望了我一眼，并未表态。当时，他真是不便表态，因为提议可以由一个人提起，但拍板却不能由一个人决定。但是，听者有心，大约一个星期后，刘建士把我叫到市建设党委组织处，说是想让我去新江湾城开发公司，在此之前，先征求一下我的意见，如果我同意，那么，再由我去征求一下家里的意见。我喜出望外，我自己的事情自己当然能够做出决定，但我却有一丝担忧，自己刚来市建设工会，马上要走，终究不太好吧。当我把自己的想法和盘托出时，刘建士拍拍我的肩膀说："这不是你考虑的事情。"他说得也对。后来，市建设党委干部处处长莫峻出面找了李玮珍，让他高抬贵手，"放"我走，让我尽快到位，同时答应用最快的时间帮工会再物色新的人员。据说，李玮珍当时确实有点不大开心，因为她好不容易才把我从市房地局调过来，在外人看来，一定是赵勇这个年轻人的心思太活络了，当然，既然是组织的决定，她也只能服从。

于是，新江湾城开发公司就有了一个最初的"五人筹建小组"作为党政班子成员，我任办公室主任。我们是真正的新江湾城开拓的第一拨人，也是跑腿、干事的第一批人，当时我们的人事关系全部在原来的单位，工作属于两头跑、两头都得管，但主要精力则必须投入到新江湾城。初期，立马要做三桩事情：一是办公室选址和添置办公家具，二是办理工商注册登记，三是筹备土地交接仪式和管理现场。

于是，这个"五人小组"就担当起了融资、投资、建设、运行"四位一体"的重任，从江湾机场到新江湾城的 20 年建设历程也由此展开。

5. 从广中路 517 弄 1 号到闸殷路 180 号

也许是因为年轻，也许是因为我对未知领域的一片憧憬，我毅然答应了去开发新江湾城。说心里话，我喜欢"开发"这个字眼，我总觉得这个字眼里包含了艰辛、困苦、劳顿，更蕴含着搏斗、刺激和传奇。

新江湾城，确实是当得起"开发"这个字眼的一片土地，前身系空军上海江湾机场，西起逸仙路、国权北路，北抵军工路，东靠闸殷路，南至政立路，整整 9000 亩土地，相当于过去的一个半黄浦区，日后在这片神秘的土地上就会矗立广厦千万间，太伟大了！我义无反顾，我觉得我是冲着干一番事业而去的，"风萧萧兮易水寒，壮士一去不复返"，当我做出这个决定时，不知怎么的，心头竟会冒出了这两行慷慨之句，虽说时下风未萧萧，水也不寒，但我的胸腔里依然升腾起一种悲壮感。

我离开了，自己的角色转换成了新江湾城的"筹建五人"之一。记得我们五个第一次见面，就是约在广中路 517 弄 1 号广粤大楼。当时大约是八九月份吧，天气很热，盛夏高温，当我们大家从各自的单位赶来坐定后，两位主要领导给大家相互介绍认识后，就讲创业是艰苦的，大家要有吃苦的思想准备，眼前的工作一是给办公地落定和人员选配好，二是办理工商注册登记和开业，三是要编制年内的启动开发计划。

事后我才知道，前些日子，其实书记和总经理他们已经跑了不少地方，选办公场地，今天把我们叫来这里，是上海绿化局下属花木公司建的一栋五层的办公楼，叫广粤大楼，五层正好有一个楼

1997 年，首批新江湾城建设者在江湾机场弹药库留影

面，两个单元的套间，已经简单装修好。选这里，出于以下考虑，一是绿化局系市建委下属单位，租金也比较便宜；二是地利优势明显，离人民广场较近，一抬脚，就可以去到市政府相关部门汇报工作；此外，离江湾机场也不远，与部队、街道接洽或是去看现场也还方便。

兵马未动粮草先行，一旦办公地落定后，办公室的一大堆事情就来了。在我印象当中，体会最深是采购办公家具。当时在下属单位借了一辆面包车和一个驾驶员，我们每天拎着包，跑东跑西，风里来雨里去，既要考虑需求又要想到时效，既要看到现货又要考虑成本，有时忙了一天，回到办公室想坐，也就只能席地而坐，至多在屁股底下垫一张旧报纸就成了凳子……说起凳子，那天，与一家家具店明明说好下午送来，可左等右等，连一片柴爿也不见，一次次地联系，都说快了快了，一直"快"到晚上 10 点多才送来。现在说起来像讲笑话，那时难见快餐，更不要讲叫外卖了，20多年前，广中路还是相对偏僻的地方，不要说晚上了，就是白天也是冷冷清清的，在我几乎都要饿昏过去了，初夏的蚊子却在我的身上饱餐不止，而且相互之间肯定还盛情相邀，去了一批又来一批。当然，对于筹建之苦，我是有足够的思想准备的，我没有任何怨言，因为我还年轻，有足够的体力。

广中路517弄1号的办公室，虽然平凡俭朴，无法与华丽壮美的人民大道200号市府大楼相比，但它曾经是激情燃烧的江湾机场开发的前线指挥部。

忙好了办公家具采购后，我开始跑腿去办理工商注册，可是，我万万没有想到会这么复杂。

这里，有一件事需要提及——

当初，市建委在审批江湾城开发公司筹建计划时，明确江湾城开发公司是市建委直属的国有独资公司，公司成立监事会，不设董事会，由监事会来实现对公司的监督。但是，在实际经办中却碰到了不少问题：市工商局提出，一是必须建立由两个以上出资单位作为股东投资的有限责任公司；二是必须建立董事会和监事会。当时，市建委上下，大家的心里只有一个念头，那就是加快组建、加快运作，谁都知道，一天的利息就是一部奥迪，因此我只能在工商局、城投总公司、市建委之间来来回回地奔跑，及时报告领导。根据一事一议的原则，领导及时明确了，由城投总公司出资95%和下属动迁房公司出资5%组建合资公司，董事会由严梦英、刘建士、王金才、王苏中、周长生五人组成，严梦英任董事长；监事会由谭企坤、江国富、何大伟三人组成。我们马上修改公司合同和公司章程，完善申报资料，最终完成了所有材料，这时，我想不会再有什么问题了吧。

于是，就匆匆赶到市工商局去办理有关登记手续，当我恭恭敬敬地递上准备好的资料时，我还以为公事公办并不难办，可想不到的事情在瞬间发生了：对方接过去，只是稍稍瞄了一眼，二话不说，随即就动手将我送上去的其中一份资料撕成了两半。我愣住了，这是什么意思呢？他说出了他的道理，我说我不知道，我的心里还想：不知者不罪嘛，你可以教导我，甚至可以教训我，但你不能这样对待一个前来办事的人呀。可对方哪里听得进我的半句申辩，"不知道就不要来！"他抛下的这句话，犹如往我的脸上唾了一口，我有一种被羞辱的感觉，同时也感到了由衷的愤怒，我不得不找了他的领导，才知道原委，原来是城投下属动迁房公司的营业执照没有及时年审，已经过期了，最后总算把事情办了下来。

江湾机场的开发，当时在市建委，也可以算是一号工程，得到了方方面面的鼎力支持，也可以讲，在市建委内部是一路绿灯，大概不到两个月的时间，我们的办公场地落实了、办公家具到位了、工商注册和登记落地了，随着工作面的打开，紧接着各路人才也集聚到位，管财务资金的、管工程现场的、懂规划设计的、熟悉预算成本的，他们有的是从市建委机关来的，有的是从市住宅发展局来的，有的是从市房地局来的……

讲到人才引进，还要说这样一个故事——

现任城投集团副总经理周浩，就是当年我推荐来的。当时，党支部书记刘建士对我讲，你办公室最先要考虑的是选一个会写东西的人，因为新江湾开发办公室要经常向市领导汇报情况，于是，我立马想到了当时在上海市住宅建设开发总公司团委工作的周浩，我就把开发江湾机场的宏伟蓝图对他讲了，他顿时热血沸腾，他义无反顾地表达了愿意克服种种困难、投身这个大项目建设的意愿。当时，他只有 26 岁，且家住市区的西面，又刚刚当上爸爸，孩子出生才 20 来天，一下子要跑到远离市区、位于上海东北角的江湾机场，其他不说，就是一天上班路上来回要花的时间，起码也得三四个小时，这个选择，对他来说真是很不容易……

"来来来，坐下来，我们大家相互认识一下吧。"在五楼的简易会议室里，党支部书记刘建士说，"为了江湾机场的开发，大家从四面八方走到了一起，在座的就是开拓者、创业人，是江湾机场开发的铺路石子。"

1996 年 12 月的一天，在广粤大楼的大门前竖起了两块牌子："上海市新江湾城开发办公室"和"上海新江湾城开发有限公司"。那一天，大约上午 10 点许吧，在广中路 517 弄 1 号大楼的前门，从未有过的热闹场面出现了，我们 20 来位新江湾的开拓者、创业人，在大门口燃放了好多鞭炮，大家的脸上都露出了灿烂的微笑，一个个十分兴奋和激动……

我感觉，广中路 517 弄 1 号，在"新江湾人"心里，已经是一块凝结自己理想的圣地。依托副中心、着眼跨世纪、立足安居房、运作市场化的江湾机场的开发征程，就在这里正式开启了。

我十分清楚地记得，市建委副主任、新江湾城开发领导小组副组长谭企坤，是到广粤大楼刚刚落定的办公地看望我们的第一位市建委领导。1997 年 1 月 3 日，元旦后上班的第一天，谭企坤就来到广中路办公室，一个部门一个部门走了一圈后，就坐下来参加新江湾公司的第一次董事会。

谭企坤对江湾机场的开发工作抓得相当紧，他对我们说，江湾机场的土地补偿款的贷款利息，一天就是一辆奥迪轿车呀，开年第一天就来布置任务：年内三季度按照《江湾机场地区结构规划》（沪规划〔95〕第910号）原则，编制近期开发地区的详细规划，并经市规划局审批同意；到1997年底，实现土地开发开工面积达15%，骨干配套道路长江南路基本完工，住宅竣工10万平方米；尽快出让土地，这是任务也是目标。

"那个时候，再重大的事情，可能就是一句话，一个点头就敲定了。接下去就是把事情做好、做实，真有点打仗的味道。"参与江湾机场开发初创岁月的"老江湾"们对此都有同样的感受。

一切工作走上正常轨道后，紧接着，就马上投入到9000亩土地交接仪式的筹备中去了，经过一个阶段的共同努力，一切工作相当顺利。前面已经说过，1997年4月30日，在江湾机场开发史上永载史册、难以抹去，这一天，上海电视台以此作为当天的头条新闻，做了报道：空军江湾机场的9000亩土地正式移交给上海地方政府，上海市新江湾开发办公室正式对外挂牌。

后来没过多久，1997年7月，市建委对新江湾城开发有限公司的董事会、监事会做了调整，发文明确了新的董事会（沪建委〔97〕第135号），周长生任董事长，景晨、刘建士任副董事长，新的监事会（沪建委〔97〕第134号）由吴明达、周炜、施永春三位组成，吴明达任监事会主席。

根据协议，4月30日后，"神秘的江湾机场"就由地方自己管理了。9000亩土地，这是一个什么概念？当时讲得最多一种说法是，相当于过去的一个半黄浦区。如果真要围绕机场河走一圈的话，我想，起码得要走上一天一夜吧！

因此，土地现场管理就成了很大的问题了。

其实，早在 1994 年，江湾机场已经基本停飞，不再用作军事用途，除了核心区域，外围不少土地及其建筑被用来出租，这个地方成了上海最大的城中村，一些二房东从部队租到土地后，在这里用石棉瓦随意修建大量简易棚，一个棚子大约在 10 平方米以内，除了电之外，饮用水、道路、排水等其他设施都没有，当时大约有 2 万多外来人员居住，种地、种菜、养猪等什么都有，很多社会治安、食品安全方面的隐患应运而生。等到《江湾机场原址部分土地使用权收回补偿协议》签署，土地上的全部地上建筑物、构筑物需要按协议拆除的时候，有些租户就成为了"钉子户"，更有一些衍生出来的"租户的租户"，根本就不想挪窝。这样，收回土地的后续问题就产生了，部队也希望我们能够尽快介入，配合整治"清场"。因此，此时确实是我们去现场"驻扎"下来的时候了……再加上随着开发推进，广中路办公室的局促与逼仄也日渐显现，一些规划图纸都没办法完全摊开来，要开一些专家评审会也只得去市里借会场，用北方话来说，"再下去，连站的地儿都没有了"。当然，如果真要在这里"驻扎"下去，在附近再借房还是可行的，但领导既然谈到了现场管理问题，我们都听懂了，明白了其中的意思：必须搬到现场去，创业就是要吃苦的。

闸殷路 180 号，成了我们在新江湾城的第一个办公场所。

这是一个临时门牌号，靠近闸北电厂，原来是烟草集团租借的一个二层仓库，本来也是在拆除范围的，当时，我们工程部同志觉

新江湾城开发展示馆（周浩　摄）

得可以利用，一是仓库地处闸殷路边上，离闸北电厂比较近，又是规划开发的后期地块，利用起来，岂不现成！当然，仓库毕竟是仓库，如果真要用作办公室，简单装修一下也是必要的。我记得，当时我们花了2万元，成就了小楼一栋，此外，还专门铺设了一条临时便道，便于进出。值得大书一笔的是，我们马上购置了两辆面包车，开出了2条班车线路，一条浦东—人民广场线，一条宝山—闸北线，解决了职工上下班的问题。再说，搬到现场后，离市区远了，当时周边也只有一条90路的公交线路在闸殷路上，算离基地现场最近的，但是从公交站要走到办公现场起码也要20来分钟，不只是职工上下班的问题，平时工作业务上联系、证照的申办，都必须用车，尽管当时购车是需要专控指标的，控制很严，但在市建委领导的支持下，我们一下子就拥有了"8个轮子"，"8个轮子"滚动起来，路程再远也就不怕了。

或许是为了日后能够铭记，我们选定了一个乔迁喜日：1998年

9月28日。其实，不思量，自难忘，我们心头铭记的岂止是这一个日子，而是一种责任、一种使命。

此时，市建委为了理顺管理体制，从管人管事管资产统一的角度，下发了《关于上海新江湾城开发有限公司划归上海市城市建设投资开发总公司管理的通知》(沪建干〔98〕第 47 号文)，明确自 1998 年 7 月 1 日起，上海新江湾城开发有限公司的隶属关系，由上海市建设委员会划归上海市城市建设投资开发总公司管理，这是新江湾城开发体制上的一个重大变化，我们也不能遗忘了这段历史。

6. 围绕土地做足、做好文章

面对新江湾城 9000 亩土地的开发量，怎样围绕土地做足做好文章，以尽快实现国有土地的保值增值，从新江湾城公司成立之日起，对我们来说，就是一个迫切需要探索、需要解决的问题。

考察学习的事情被提上了议事日程——

1997 年开始，新成立没多久的上海市住宅发展局，先后组织大批的房地产开发商去新加坡学习培训，一期 3 个星期，考察学习国外房地产开发经验，尤其是新加坡大型居住区开发的模式，这为刚刚建立的新江湾城开发公司带来了良好的契机，市建委先后给了新江湾城公司好多名额，当时新江湾城公司的领导班子成员和一些骨干获得了考察机会，分期分批地参加培训学习，拓展思路，开阔视野，借鉴经验。

"广厦万千安居梦。"

当时考察学习归来的同志在考察报告中讲：新加坡政府把解

决住房问题作为基本国策，实施"居者有其屋"计划，至 1997 年底，新加坡建屋发展局所建造的组屋总数已达 80 万个单位，目前，有 80% 的新加坡人居住在建屋发展局兴建的组屋里。新加坡的住宅供应体制以及建屋发展局在解决住房问题上的努力，给人们留下深刻的印象：新加坡的邻区组屋（即政府建的优惠价住宅小区），居住环境力求优美典雅，旧的邻区翻新改善，新的邻区融入自然环境中，尽量保留自然景物，即使一些人造的池塘或河道，也设计得有如"回归大自然"。

上级领导对新江湾城开发的重视，还有一个实例可以证明——

1997 年，新江湾城开发公司刚刚建立不久，当时不足 30 人，只有 10 多名党员，但是，在这样一个公司里，就有一名上海市党代会的代表。

至今，我还珍藏着中共上海市第七次代表大会的首日封。那是 1997 年 12 月 21 日，新江湾城开发公司的党支部书记刘建士从会议现场给我寄来的，中共上海市第七次代表大会一共只有 798 名正式代表，而我们小小的开发公司就有一个代表，这不是刘建士一个人的荣誉，这是我们这支团队的荣誉，说明了江湾机场开发的重要性，更体现了新江湾城建设者肩上担负的使命和责任。

责任在肩，使命担当。新江湾城的开拓者，坚持以土地转让为重点，创立了联合开发、参建联建、土地换工程等手段，来加速新江湾城的开发。

1997 年 3 月，新江湾城示范居住区（一期）总体方案向社会公开征集。上海建筑设计院、华东设计院、中房设计院、第九设计院、德国考夫曼设计院、新加波康设计院、澳大利亚博谢设计院等

1997 年 5 月 26 日，副市长夏克强现场指导工作（周浩　摄）

8 家中外设计院参加了方案征集。两个月后，也就是当年 5 月，一期总体方案正式决标。最终，上海建筑设计院、中房设计院的两个方案被评为优秀方案。

上海市政府领导对新江湾城的首期开发相当重视，我清楚记得，1997 年 5 月 26 日，时任副市长夏克强专门来到位于铜仁路 331 号的当时城投总公司的办公大楼 20 楼会议室，现场听取新江湾城公司的工作情况汇报，并在规划模型的沙盘前，对方案提出了进一步优化的意见。

新江湾城最初阶段的探索与实践，大约可以分为以下四个方面举措——

一是土地转让价格方式的确立。在土地成本测算方法上，改变以往大基地开发通常以亩为单位进行转让的方法，取而代之的是以楼面价位转让价格单位的较为公平和精确测算方法，即将服务于全区的市政公建配套所需占用的土地、费用在楼面价中进行合理均摊，避免了由于地块用地性质的不同给地价带来的过大的不均衡性，为新江湾城的土地转让确立了依据。实践证明，这一测算方式为广大开发商所接受。

二是土地转让多种方式的探索。我们先后与国内外30余家房地产开发企业就熟地转让、半熟地转让、毛地转让等多种土地变现形式进行了接触和洽谈。经过努力，至少在2000年之前，有5家大中型房地产开发企业与我们签订了土地转让协议或意向，转让土地500亩，在土地转让上取得了实质性的突破。

三是土地置换市政工程的尝试。新江湾城市政工程建设需要筹集和投入大量的资金，那么，能不能利用丰富的土地存量尝试以土地置换市政工程建设呢？在现有开发资金相对紧张的情况下，拿出一部分市政工程项目交给承包商协议承建，对于承包商投入的工作量，我们不以货币方式予以支付，而是以土地作价形式支付，简单地说，也就是物物交换。我们曾经利用这一方式建设了雨、污水泵站及明山路、千山路等市政道路工程，筹措市政工程建设资金约7700万元，后来，还决定再拿出A1、A2地块继续置换工程，建设淞沪路等11条市政道路，约15公里。此举为加速开发、快出形象做出了有益补充。

四是管用并举利用土地资源的实践。在确保9000亩土地内无外来盲流搭屋滞留的前提下，对近期暂不开发的市政备用地、仓储用地等，利用时间差，对外进行租赁，筹集绿化建设资金。在最初的三年里，发挥闲置土地作用，植绿约80亩，为新江湾城建设产生了一定的经济效益和社会效益。

7. 开始有了许多个"第一"

在新江湾城开发五周年之际，我写过一篇《五年风雨路——建设新江湾城随想》，在"昨天——感慨与奉献"的章节中，我提到了那一段经历——

更令人胸闷的事情还在后头。开始着手开发新江湾城时，房地产的良好走势已初见端倪，前景看好，原来引进外资，与印尼金光集团已经谈好，准备分期、分批开发我们新江湾城，当时签约的是一平方公里，可接下来，东南亚出现了金融风波，先期合作开发江湾机场一平方公里的项目也"黄"了，国内经济进入宏观调控，新江湾城的开发因此受阻，正所谓"生不逢时"。正好有朋友到现场来看我，他们是坐着车找了好久才找到这里的，展现在他们眼前的是一片荒凉，哪里有什么"城"的影子！"你怎么会到这种地方来？"我无言以对，是啊，我怎么会到这种地方来？可我是自己要来的，下了决心来的，我换了一种思路，我换了一种活法，我想对自己进行磨炼，磨炼筋骨，磨炼意志；我想对自己进行开发，开发勇气，开发心智，"我当初的选择难道错了吗？"我自问道。

不会错！我坚信。

同样，在《五年风雨路——建设新江湾城随想》中，我也记述了"今天——努力与拼搏"——

　　新江湾城的最大实际是有 9000 亩土地。从某种意义上来讲，我们最大的优势是土地，最大的包袱也是土地。土地的价值在于使用，假如仅仅从狭义上来理解开发，那么，这个开发将因种种条件的制约半途而废。全面铺开，全面出击，有百弊而无一利，我们必须"统一规划，分步实施，滚动开发，加大变现"。是的，诚如我的领导所说，我们没有现成的经验可以借鉴，没有现成的模式可以套用，自己的路要自己走。

　　"创新是民族进步之魂。"是的，我们必须在开发实践中创新思路，寻找出路，有思路才有出路啊！

　　我们砥砺前行，我们闯关夺隘，我们开始有了许多个"第一"。

　　我们确立了"以土地转让为突破口，加快招商引资步伐，推进市政工程建设，加快住宅开发进程"的工作思路，并进行了全方位的创新实践。那是一段刻骨铭心的岁月，那是一段日新不已的岁月：投资 7600 万元的新江湾城第一个市政工程（由上海市市政设计总院设计的）——殷行路（当时就做到了全部管线落地）竣工了，以土地置换工程的明山路、千山路市政工程开工了；第一块土地转让合同签订了，闲置土地临时对外租赁了，时代花园作为新江湾城的首批住宅开工了……真的，忘了晨昏，忘了食寝，可是，所有的日子都过得有声有色，所有的日子都过得有滋有味。什么叫作投入，这才是投入啊！此刻，似乎感到，觉也睡不安稳，总觉得有人在催、有人在逼。谁呢？噢，原来是自己呢！总觉得还有那样多那样多的学问要钻，还有那样多那样多的事情要做……

占地207亩、42幢、14.6万平方米的时代花园很快拔地而起了，应该尽快推向市场，是利用媒体优势的时候了。自己在市政府工作期间，认识了很多新闻界的朋友，作为办公室主任，理应为包装新江湾城、为这片热土吆喝！经过努力，第一部"新江湾城网页"通过政府信息平台扩大影响，第一个新闻发布会在装修一新的招商厅召开，有《人民日报》《解放日报》等各大媒体出席，《人民日报》记者撰文称，新江湾城必将成为上海的继徐家汇之后的另一个"支点"；为招商引资，又想法拍摄了一部VCD宣传资料片，策划、撰稿、审稿、拍片、制作、配音……快马加鞭，只用了10天时间。

苍天不负苦心人。

那一阵，在杨浦街谈巷议中，只要谈起买房，谈及的都是新江湾城的楼盘。2000年3月，已经叫作时代花园的住宅正式对外销售，售楼处前竟然排起了长龙。第一位排队者竟提前3天，带着铺盖卷睡到了售楼处前！时隔半年，买房者获得了一份意外的惊喜：提前一个月拿到了钥匙。时值国庆长假，房主们呼朋唤友前来参观他们的新居，时代花园喜上加喜，一片喜庆。

此情此景，令你和所有的新江湾城人笑逐颜开，笑着
笑着……

8. 时代花园创下了两个之"最"

在新江湾城的打造过程中，时代花园始终是一个绕不过去的话
题：在解决上海老百姓的"住"的问题的当口，曾经是求之若渴、
众望所归的热点，在进入新江湾城品质提升阶段后，则成为了不少
人"弃之如敝屣"的口实，认为时代花园拉低了新江湾城的档次，
甚至有了"推倒重来"的提议。

作为一名始终与新江湾城发展不离不弃的开发者，我觉得，我
们应该尊重历史，而我必须还原这样一个史实——

在上海第七次党代会上，提出了要解决"两个 1000 万"：
"1000 万"老百姓的住宅，"1000 万"的在岗就业培训。其时，上
海要开发新江湾城，就是要解决改革开放初期老百姓"衣、食、
住、行"中一个"住"的问题。我记得，时任上海市委书记黄菊提
出了"解决上海老百姓的一个住宅问题"的要求，上海市委出台了
"在上海建立东、南、西、北四个示范居住区"的措施，其中，新
江湾城就是东北的一个示范居住区，面向 21 世纪的示范居住区，而
占地 207 亩、42 幢、14.5 万平方米的新江湾城时代花园的矗起，就
是一个顺应时代之举。

上海新江湾城开发有限公司的拓荒者们脚踏实地，一步一个脚
印地向前耕耘，一片废墟渐渐变成了可以向外招商的熟地。

但是，投资者们却不踊跃，依然紧捂口袋。他们时不时也来这

边踏勘、询问，但观望犹豫者多，一掷千金者少。经过调查发现，投资者们对新江湾城房地产开发能否盈利，心里没有底，因为"新江湾城"是全新的地域、全新的事业，成熟的楼盘离这儿尚有些距离，这儿的人气不足，投资者们不清楚他们的"上帝"——消费者们能不能接受全新的"新江湾城"。

与其等待，与其游说，不如主动出击，自己吃掉令投资者们不敢下箸的"第一只螃蟹"。新江湾城的开拓者们决定以联建方式开发第一个住宅楼盘，让热销的楼盘，打消投资者的顾虑，也为这9000亩土地做最好的包装。

于是，时代花园很快拔地而起，以高绿化率、好房型、低价位吸引了挑剔的消费者，2000年3月20日正式对外销售，售楼处竟排起了长龙，并且创出了3天销售170套的佳绩，占一期可供房源的81%。至8月30日，时代花园销售突破1000套。消费者的认可，感动了新江湾城的开发者们，他们不仅精心打造楼盘，而且全力以赴，作为一种回报，他们比预定时间提前一个月，将一期楼盘的钥匙交到了消费者手中，给了消费者一个惊喜。接下来，就是国庆长假，新房主们的欢欣鼓舞的场景，再一次感动了新江湾城的开发者们：一时间，每天从早到晚，在时代花园里，人群摩肩接踵，到处都是新房主们在呼朋唤友，带着参观自家新居。

时代花园销售率达到了95%，创下杨浦区两个之"最"：销售量最大，平均价最低。

时代花园成功上市，开拓者悬在心头的一块石头落了地，投资者们紧跟在消费者身后，坐进了新江湾城开发公司的招商厅。

2000年9月30日，新江湾城首批居民入住时代花园，我记得，当天上海电视台还专门拍了一个专题片《新世纪、搬新家》；同年11月，明山路（殷行路—殷高路段）及殷高路临时便道工程全面建成，标志着新江湾城前往五角场的南大门通道正式贯通；同年12月，新江湾城开发情况介绍会召开，就新江湾城近期开发动态及下阶段开发重点向社会发布信息……

作为时代花园的首批居民，同时又是公司员工的徐可，1998年也因江湾机场的开发，由市建委机关下海来到新江湾城的，多年后，还以"窗前的林子"为题写下了盘桓在他心中的感触——

仲夏之夜，喜欢驻足阳台，捧一杯清茶，呷一口，淡淡的苦，幽幽的香。一轮明月，洒下无数碎银，落在草丛，落在林间。燥热的知了，不肯稍息，聒噪不停，间或几声鸟鸣，却是透出些许庸息和睡意。一阵阵微风，从林间吹来，带走几分溽暑之气。

那林子，茂密葱郁。挺拔的意杨，向高空伸出无数挂满翠叶的枝条，遮天蔽日；那树冠浓密的香樟，大小参差，充满了中下层空间。这样一个林子，阻隔尘土和噪音，庇荫着小区东侧的住户。凭栏远眺，满眼绿色，每每让来访的朋友们羡慕不已。

你可曾想到，当初种下的都是手指一样粗的小苗苗啊！

作为新江湾城首批入住居民之一，笔者见证了新江湾城的迅猛崛起：1998年，宽阔的殷行路新江湾城延伸段建成，拉开了建设新江湾城的宏伟序幕。翌年，建成新江湾城北部区域雨污水泵站，同期，新江湾城首个居住小区"时代花园"建成并入住。那个林子，就是在那时栽下了树苗，看上去稀稀疏疏的，毫不起眼。进入 2000 年，我们迎来了全新的 21 世纪的曙光。城投总公司根据新的形势和要求，以高屋建瓴之势，对新江湾城建设规划方案进行全方位调整，体现"以人为本、科学发展"的建设理念，笃志将新江湾城建成全国最佳、世界一流的生态住区。于是，人才向新江湾城集结，智慧向新江湾城汇聚，新一轮建设高潮在新江湾城这块热土掀起。

经过短短几年的建设，新江湾城姿容初展：原先茅草丛生、令人却步的"弹药库"，建设成为教研一体的生态展示馆和生态研究基地、被誉为"绿宝石"的生态源。在废弃的跑道旧址上，建成了水清林密的大型生态绿地，白鹭翻飞、水鸟嬉戏，野趣天成、游人如鲫。外形奇特的文化中心，功能颇全的体育馆，世界最大的滑板场，大气精巧的休闲公园，以假乱真的山洞茶室，老少咸宜的门球场、笼式足球场、灯光篮球场等公建设施次第建成。市、区级大中小名校逐个落地，名牌楼盘有序开发，林荫大道四通八达，地铁站台不日封顶……这一幕幕日新月异的景象，使新江湾城芳名远播，引得社会各界纷至沓来。

呵！新江湾城从一块荒芜之地，成为魅力无穷、人人向往的新城区，此情此景，直让人产生沧海桑田之感。

不知不觉，月亮已躲进了云里，知了的合唱也已落幕，鸟儿进入了梦乡。

我之所以要把徐可的文章录在这里，为的是要说明这样一个道理：地上本没有路，走的人多了，也就有了路。

9.《人民日报》专版介绍新江湾城

对于新江湾城的开发，全国各大媒体从一开始就给予了极大的关注，包括新成立的上海新江湾城开发有限公司开进江湾机场旧址，包括新江湾城被上海市政府定为 4 个市级跨世纪示范居住区之一，也包括新江湾城在五角场商业副中心规划中占了三分之一等，而《人民日报》一直"按兵不动"。

直到 2001 年 3 月，当有关方面重新审视和完善原先的总体规划、新江湾城被赋予更高的功能和定位时，《人民日报》终于对新江湾城青睐有加，予以了特别介绍，并且断言：新江湾城必将成为徐家汇之后的另一个"支点"。

年长几岁的上海人都知道，改革开放前，上海的西南角和东北角各有一个大"转盘"（即多条道路交汇点的环岛）：一个在徐家汇，一个在五角场，两个大"转盘"遥遥相对，面貌却一样

2001 年 3 月 6 日，《人民日报》专版介绍新江湾城

陈旧：徐家汇是上海城区的西南出口，大"转盘"汇聚数条出城道路，出了徐家汇便是农田阡陌；五角场是上海城区的东北出口，顾名思义，五角场的大"转盘"由5条道路组成，出了五角场，便是宝山乡村。当年的徐家汇，低矮困顿，环徐家汇地区几乎没有像样的建筑；当年的五角场，最高建筑也就两三层楼，危棚简屋比比皆是。

改革开放的阳光雨露，最先眷顾了徐家汇。地铁1号线的开通，使上海城区向西南方向远远展开，相对于地铁沿线的龙华、莘庄而言，徐家汇顷刻间成了城市中心地带。90年代内环线的贯通和肇嘉浜路及沿线马路的成功改造，徐家汇更如出水芙蓉，赢得了无数投资者的青睐，各路资金蜂拥而至，每平方米投入开发资金高达1.44万元。以东方商厦、第六百货、大千美食林为代表的第一批十大商业建筑落成后，徐家汇地区平添了10万平方米的商业用房面积，一跃成为上海最大的都市商业副中心。

在徐家汇开发热火朝天的时候，当年同是"难兄难弟"的五角场，却被上海一家主要媒体的记者记录下了这样一番景象：

"五角场是上海规划中的市级商业副中心，又是交通集散地和人口集聚地，每天人流量达10万人次，地理位置十分重要，可就在这一地区，违章搭建却是久治不愈的顽症。这里占据人行道的摊棚不下千余只，原先有的还只是地摊，如今却已搭成了固定的摊棚，两三个人并排已无法在摊棚之间通行，行人走路被挤到马路边。丢下的果皮、饭盒、纸屑使淞沪路显得脏乱。"

西南角的徐家汇那边的大"转盘"，在投入巨额资金进行高密度开发；东北角的五角场大"转盘"周遭，违章建筑、小摊小贩群集，两个当年几乎在同一起跑线上的"难兄难弟"，如今远远地拉开了距离。

上海并没有忘记五角场。

80年代，五角场地区由宝山县划归杨浦区管辖，从农村乡镇变成城市街区；90年代，市政府仍然根据它的重要突出的地理位置，将它规划为市级商业副中心。改革开放这些年来，周边地区也陆续建起不少居民小区，人流客流也有一定规模，但投资者却鲜有其人。

因为五角场规划区内有空军的一个机场，而机场对周围建筑是有限高要求的。服从国家经济建设大局，军队将机场迁建另处，全力支持上海的城市建设。

上海新江湾城开发有限公司总经理刘建士是首批拓荒者之一，既然是拓荒者，就不会被蛮荒吓倒。

他们首先向废墟宣战，但要征服眼前这片废墟，达到现代房地产开发"七通一平"的要求，并非易事。横亘在机场中央的飞机跑道就是根难啃的骨头。机场跑道因其特殊功用，混凝土分上下三层浇筑，每层厚达50厘米以上。机场的上下排水、配电等都不符合现代房地产开发的要求，一切都得另起炉灶。9000亩土地上，没有一条像样的道路，大道小路都得重新修筑。

经过拓荒者们脚踏实地地耕耘，将废墟变成了可以招商的熟地，推出了时代花园。

时代花园成功上市，开拓者悬在心头的一块石头落了地，投资者们紧跟在消费者身后，坐进了新江湾城开发公司的招商厅。

投资者成群而至，新的问题也接踵而来。面对越来越热的投资

城投公司与空军上海房地产管理局签订新江湾城 450 亩大市政配套费用补偿协议

开发热潮，由生地变成熟地的"七通一平"速度必须加快，根据规划整个新江湾城道路系统分为主干道、次干道、支道三类共 40 公里长，要建设 220kV 变电站 1 座、35kV 变电站 5 座，配置电话局、邮电局、环卫所各一座，同时要建立两个排水系统。如此大的工程量，约需 18 亿元的建设资金。这缺口如一座难以攀援的高山，横亘在开拓者面前；其次，新江湾城超大规模开发特性决定，土地出让不能零打碎敲，必须按规划整块出让。开发商不仅要支付巨额土地补偿金，还要准备大笔开发资金，资金压力很大，很多开发商为此犹豫不前。土地出让按惯例银行不提供按揭，土地所有者新江湾城开发公司也不可能向受让土地开发商赊账。开发商的资金难题又怎样化解？

土地换工程，新江湾城的开拓者们化解了第一道难题。常规的开发步骤是批租土地，得到资金，投入开发，新江湾城的开拓者们打破常规，超常规运作，解开了工程资金缺口这个死结：用土地支付"七通一平"的工程费用，即在现有开发资金相对紧缺的前提下，拿出一部分市政工程项目，交于承包商协议承建，对于承包商投入的市政工程量，公司不以货币形式而是以土地作价形式予以支付，有点儿像通常说的"物物交换"，创造出以土地置换市政工程的全新开发模式。

接着，他们又与银行商谈，用新江湾城丰富的土地存量和在居住区内优先提供银行营业网点用房等条件争取银行的土地贷款，为到新江湾城受让土地的开发商解决资金缺口。他们的努力得到了具有战略眼光的银行部门的积极响应……

经过3年多的拓荒耕耘，新江湾城开发已经从坎坷走向顺境：市政基础设施、公交、人防、环保、交通等各类专业规划设计基本编制完成，基础设施日渐完备，宽45米、长1.5公里的殷行路主干道已经通车使用，千山路、明山路又在紧锣密鼓地建设，已与即将拓宽的淞沪路辟通，一马平川直达五角场地区，年内还要开工6条道路。上海"十五"计划里，将有两条地铁在新江湾城过境并设站。地铁站设在居住小区里，新江湾城开创了上海一个新的第一：大面积的"七通一平"正在有条不紊地进行，使新江湾城地区具备了投资开发的良好条件与环境，开始发挥筑巢引凤的效应。国内房地产开发商闻讯纷至沓来：杨浦建设集团、上海银燕置业有限公司、上海建迅房地产开发公司已捷足先登，正式签约获得B2、A3、A5地块的受让权，还有上海润杰房地产公司、上海隆达置业有限公司与新江湾城开发公司达成A7、B4地块的受让意向，期望跻身于新江湾城的投资开发行列之中……

上海新江湾城的开发，在短短 3 年时间中取得了难能可贵的成就，但与取得的成就相比，新江湾城的开发者们最大的收获，就是在这场前无古人的大开发中，找到了应对的办法，找到了走出困境的路子：他们在短短 3 年时间里，从一个四顾茫然的、心怀忐忑的拓荒者，成为一个成竹在胸、经验丰富的开拓者。

进入新的世纪，新江湾城开发引起了更多的关注和重视。上海市委、市政府领导多次过问新江湾城开发进展；市建委和杨浦区领导多次到新江湾城开发现场视察调研，要求新江湾城力争做好上海东北角的"支点"，带动上海东北角的发展；有关职能部门根据上海"十五"计划和上海城市建设新的布局和更高的形态要求，重新审视、完善新江湾城总体规划，赋予新江湾城更高的功能和定位……

上海西南角的崛起，徐家汇是一个不可或缺的"支点"。

新江湾城开发的第一个住宅小区——时代花园

我们期待新江湾城成为另一个"支点"，带动五角场周边地区的发展，加速上海东北角地区走向繁荣、走向发达，并最终撬动上海城市建设发展格局，使失衡的城市建设，重新向东北角倾斜……

第三章　新江湾城的建留之争

不过，作为上海市区最后一块纯天然生态区，原江湾机场这块极为宝贵的土地资源是否应该纳入房地产开发范围，开发过程中如何在城市发展与生态保护两者之间寻求平衡，这样的担忧、疑虑甚至争论，在最初的几年里几乎就没有停止过。

1. 一个引起激烈争议的话题

在 2001 年以后的接连几个春天中，江湾机场开发的这个话题都引起了激烈争议，特别是在一年一度的人大、政协"两会"期间。

在 2001 年上海市"两会"上，代表、委员们提出了多份议案、提案，还夹杂着专家和市民们有关"保护江湾自然生态区"的不少倡议、呼吁，要求"完整"保护这里的生态和环境、制止房产开发。但在另一边，却是招投标消息不断，推土机、打桩机陆续开进这片土地。多种意见在不同场合、不同级别展开了交锋。许多媒体传播甚至放大了这场争论，使它成为了一场不折不扣的公众讨论，就连北京和其他一些地方的多家媒体也对此发表了不少意见。

最直接的对垒出现在 2001 年底。那时，这一边政府部门组织的专家组刚开始对江湾生态区进行摸底调查，那一边部分高校的生态专家也组成了一个小组，进入江湾机场原址进行独立调查。两者的结论截然相左：民间调查说这是上海难得的生态宝地，一定要坚决保护，不能搞开发；政府调查的结果却是这片土地价值极大，开发利用前景美好，对带动周边经济、社会发展有极大作用。2002 年上海"两会"期间，矛盾冲突达到尖锐的程度：一批高级专家在会间

市领导高度重视新江湾城建设开发，在杨浦区领导的陪同下现场调研指导

散发了一份《保护江湾自然生态区的倡议书》，不久后，类似声音传到了北京中央"两会"。

直至 2002 年底新编制的"新江湾城"规划出台后，上海数个民间环保组织还于 2003 年 2 月再次发出呼吁：要求社会舆论评议这份规划，让市民和市政府了解真相，以便保护这"城区中唯一的天然绿地，以及在其中自由繁衍的动植物"。

这场争议值得关注。

在城市化脚步不断加快的进程中，城市管理者要充分利用土地开发建设城市，而生态学者、环境专家则要竭力提倡保护、保留城市中数量寥寥的自然遗存，如何协调发展，使得以生态要求为基础的城市自然保护和规划得到重视，最大程度适应人们在城市环境中享受自然的需求，当前是一个具有重要价值和意义的课题。

因此，我始终觉得，无论在当时，还是在今日，我们都无须去讳言这一场争议，也无须去回避这一个曾经引起过激烈争议的话题。或许正是因为有了这场争议，才使得新江湾城的开发决策变得日益郑重其事起来。

因此，我愿意尽可能多地收集一些当时的情况以及留下的痕迹，让今天的人们可以去追溯历史的轨迹，从而去肯定新江湾城顶层设计者所付出的心血、以及新江湾城建设者所创造的业绩。

2. 李钦栋，一个当地居民的担忧

李钦栋，是一个熟悉新江湾城地块情况的当地居民。

在 2003 年初，《南方周末》驻沪记者沈颖带着实习生徐璇找到他，并由他带着去新江湾城地块走访，随后撰写了《上海"生态救生圈"沉浮》。"救生圈"一说，是复旦大学生命科学院陈家宽教授的"发明"，他的原话是这样说的："那里的湿地和植被，是都市里野生动物们抓住的救生圈。"

在《南方周末》刊出的这篇文章中，到处都晃动着李钦栋的身影——

李钦栋，就住在附近的政立路，两年多前散步发现了这里。2000年底，他眼看着机场内新修的马路越来越多，小马路变成了大马路，机场角上一个叫时代花园的楼盘建成了，高楼的气息逼近。越来越多的"食机场者"日夜出没，在这里种菜、养蜂、割牛草、抓鸟、采草药、捕鱼。

2001年5月，他找到有关专业单位反映情况，上海自然博物馆的金馆长听了，眼睛一亮："上海还有这么个好地方？"接着，李钦栋带路，由金馆长带着一批昆虫、鸟类、植物学专家来到江湾机场考察。在李钦栋以后的记忆里，"当时，桑枣还挂在树上，大绿岛鸟语花香。搞昆虫研究的专家对着几种蜜蜂不停地拍照！"

2001年7月开始，大绿岛的周围多了一圈铁丝网。

从那年秋天开始，上海市自然博物馆、华东师范大学、复旦大学的生态专家们又陆续进行了一些初步的环境与生态考察。专家们考察带领的学生中有WWF上海站的志愿者，于是关于江湾的话题在网上也蔓延开来。

不知从什么时候起，关于江湾的消息越来越多。"这块地早被划入了杨浦区房地产开发的一个新城区，现在称为新江湾城。"志愿者们联系相关专家，开了七八次座谈会，网上也一直在讨论。2002 年，上海"两会"期间，实地考察过的生态学专家联名写了一个提案，要求保护江湾生态区。同年 8 月 12 日，《杨浦时报》上的一则新江湾城规划被批准的新闻，在志愿者中间又引起了轩然大波。

"说什么要建生态型、知识型花园社区，轨道交通直接进入新城中心，10 万人入住。我把每一个字都看了，用的不是'保留'，而是'利用'。要建人工湖，利用部分原有生态，以网络状水系和绿化带为骨架。"李钦栋说。

不久前，李钦栋接了自然博物馆委托的绘制地形图的任务。

因为心急火燎，他的手抖得厉害了，没法骑自行车，只好步行去机场，平均一天要走 13 公里或 14 公里，每天取 50 个点回来绘到地图上去。定位仪本来设有记录的功能，而李钦栋生怕遗漏一个数字，机器记他怎么也不放心，坚持手记。长时间坐着绘图，头也不抬，他的脊椎骨疼得不行。被丛林掩盖的月亮形水塘逃不过他的眼睛，"就怕绘的速度赶不上破坏的速度啊。"他说。

2003 年 3 月 8 日上午，李钦栋带着《南方周末》的记者们，穿着高帮雨鞋，一脚踏进了这片湿地，同行的还有几个 WWF 志愿者。李钦栋走在最前面。"他是活地图。"《南方周末》的记者后来写道，"这个快 55 岁的老人，在 3 年的时间里，用脚丈量着这块 8.6 平方公里的土地。他患有高血压，轻微的帕金森综合征。"

在棕头鸦雀啾啾的叫声里，他们穿行过一片片摇曳的芦苇丛。

"那就是大绿岛！"李钦栋手指着对岸被水环绕的岛。桑树、朴树、榆树、枫杨树，茂密的树叶遮住了天空。斑鸠停在树上。再远一点的林子里，有一群黑水鸡的身影，灰青的翅，两肋的白线条像波浪。"秋天有白鹭飞来，好像天鹅湖。"李钦栋比画着拉小提琴的姿势。这双手，年轻时是制作小提琴的好把式。

他用手去扯沿着湖面树枝上挂着的一圈细网。"这是抓鸟的网，上周来就拆了两个。隔一两天又扎上去了。"他说，"比起崇明东滩，这里鸟的种类更丰富，有水鸟、林鸟、猛禽，而森林公园里大多只有林鸟。"

在一片大的水域边，李钦栋说，他最多的一次看到了80多只鸟。

可《南方周末》记者他们等了好一会儿，只有寥寥的几只鸟掠过水面，还有几只鸟在远天徘徊，不敢近前。一个学生物的志愿者说："湖泊和湿地一污染，虫虾就无法生存，以此为生的水鸟就不飞来了。破坏一环，就会影响一整条生物链。"

李钦栋只好失望地在他的日记上写下寥寥的几句："最近看到的鸟越来越少。"因为过分用力，捏着笔的手抖得更厉害了。从2001年5月开始记的日记，这已经是第三本了。

不过，积水洼地和草丛里还有成群的小鱼苗游来游去。

李钦栋说，他在夏天碰到过一个外地妇女，骑着自行车笑眯眯地过来，车子左边是几袋黄鳝，右边是龙虾，足有上百斤之多。"现在水里都没有大鱼活虾了。有人洒药水毒鱼、电鱼，抽干水塘捕鱼，什么都干。"李钦栋很生气。

河岸边，满地的碎玻璃瓶十分扎眼。

正好碰巧有人在那儿摆弄他的渔网，空空的渔网倒出来几个干瘪的螺蛳。他看起来有点丧气："早两年我一天能打上几十斤鱼，拿到五角场菜场去卖，维持一家人生计没问题。去年10月份以后，不知怎么，鱼说没就没了。"

他自称最近只来过三四次，坐在泡沫塑料做的小筏上，用自制的木浆划水，灵活自如。

一路发现大片的芦苇和干草被烧毁。一个自称在林业部门工作的人说："只有些芦苇草，其他没什么好东西。"

"好东西，都是好东西！"李钦栋等他走远一点，愤愤地说。他说第二军医大学的专家曾经在这里发现了多种药用植物，如胡颓子、白茅等。他很担心火光和浓烟会赶走来这里栖息的鸟儿和小动物。

据李钦栋介绍，他在这儿还碰到过一个靠挖何首乌发了财的人，手法极其熟练。李钦栋当时在一旁看得心疼，忍不住说："你慢点挖，慢点挖，留下它的儿子和孙子啊。"转了一圈回过来再看，"挖得连须都没剩！"

两小时内，我们大约见到8个"食机场者"，李钦栋看到了许多新来的面孔，他的担忧又增加了几分，"今年'食机场者'比往年进入得更早了，而好东西眼看着越来越少，这是个剪刀差啊。"

据说，一般8、9、10三个月是"食机场者"活动的最高峰，有一两百人在这里定期出没，他们大多在机场的西部搭建一些破屋瓦棚，常年住下来，周围生活垃圾四溢。

路上看到晒鸡毛的五六个男女凑成一堆，晒了大概至少1000平方米，他们说每天每平方米四五分钱。附近种菜的女人则黑着脸说："每年这块地要上交1000元钱啊。"

在江湾机场的东面，一大片地被推平。

住在对面的一位老师说，之前这里是一片沼泽，推开窗就可以看见鹭和鹰。

"可惜啊。"老师很留恋和老伴在这里散步的早晨，那时可以看见有人放风筝，有人悠闲钓鱼，"早上有几百个周围的居民来呢，都是在水泥丛里憋坏了的上海本地人。"

塔吊机威风凛凛地进场了，住宅区的气息一步步逼近：建设单位拆掉的房子倒下来，压坏了周围的一片竹林。近处有一棵被连根拔起的赤槐躺着，根部缠结着大量建筑垃圾。远方有一棵女贞孤独地站着，周围还是建筑垃圾。

李钦栋痛惜地说："2002年11月我来这儿，还是两片纯种的赤槐林和柳林。第一次来时钻不进来，用两只手在前面开路，壮着胆子的。"几年前，可见的枳树全砍完了，原驻军营房区域的雪松全砍完了。

东南面小湖泊边，一棵朴树还枝繁叶茂着，半截身子垂到河里。朴树的树权里扎着一个破了洞的吊床，看来抓鸟的人也忍不住晃晃悠悠了一把。

可惜了几棵30多年的大树，被锯得只剩下树桩，李钦栋用手量了量，直径有30厘米左右。他苦笑道："听说在这里要造上海最大的假山。"

城市水泥的气息越来越猛烈地袭来，历史的地理遗书在档案馆里落满了灰尘。

"机场绿地中的湿地带，还存留原来水网密布的痕迹，在地图上，主要地块与清朝该地区图上水网正巧相吻合。"李钦栋说，他到档案馆把它的水文地质历史查了个清楚，可是，查清楚又能怎么样呢？

3. 一群专家学者发出《倡议书》

"近日，一份由华东师范大学、复旦大学、上海自然博物馆、上海青少年科技指导站、上海市科技馆科技设计院的专家学者发出的《保护江湾自然生态区倡议书》，在上海引起了较大震动，这使已推出详细开发规划的有关部门有可能深思如何保护原始自然生态区。"

2003年3月11日，上海的《城市导报》刊出《留我天成"绿宝石"——一份专家学者的〈倡议书〉引出申城生态保护话题》。

湿地生态（扬祖康　摄）

首先，谈及的是"专家观点"——

华东师范大学陆健健教授（鸟类、湿地生态专家）、张利权教授（景观生态专家）、达良俊副教授（植被和城市生态专家），复旦大学王祥荣教授（城市生态专家），上海自然博物馆崔志兴研究员（鸟类专家），上海青少年科技指导站王建华老师（生物学专家），全国人大代表、华东师大环境科学研究中心主任许世远教授，市人大代表、上海市科技馆设计院副院长刘仲苓研究员是这份《倡议书》的领衔者。

他们在《倡议书》中说，原江湾机场位于上海市区东北角，由于长期封闭与闲置，天然植被丛生，形成一片面积约 8 平方公里的自然生态区，区内生物物种较为丰富，具有相当重要的生态与科学价值。

目前，这片区域由于缺乏有效管理而垃圾遍地，污染严重，同时正面临被完全开发成住宅区的险境，有可能因不合理开发而使天然绿地丧失殆尽。上海市区绿地面积有限，天然绿地更是极为稀少，江湾机场天然绿地如果能够得到保留和有效管理、利用，将使上海的生态环境和城市形象有相当大的改善。专家呼吁上海市有关部门能够重视这一区域无可替代的生态平衡作用，对原江湾机场进行更加合理的生态规划，使它的绿色价值能得以充分利用，为上海生态城市的建设发挥独特的作用。

其次，表现的是"专家惊呼"——

从五角场沿淞沪路往北，大约再走2公里的路程，就能看到一座高大的门楼。踏进门楼，气温仿佛一下子降低了两度。再往深处走，林木葱茏，鸟鸣啾啾，地上爬满青藤，盖着青苔的池塘里，不时飞出一只只野鸭，这里就是江湾机场的所在地。

上海自然博物馆各学科专家组来此进行生态和物种调查时，惊讶地发现了这里存在着上海市区难得一见的芦苇丛、河漫滩、森林型生态环境。这一处于上海市区东北角约8平方公里的地块，由于人为干扰较少，早已恢复为自然生态区，多种市区绝迹或从未有记录的鸟类、昆虫和鱼种安居在此。华东师大、复旦大学等高校的众多专家来此考察后不由感叹："这是上海市区罕见的天然绿宝石！这是上海市区唯一一块自然生态绿宝石，应该得到保护！"

原江湾机场面积为8.6平方公里，相当于两个合并前的黄浦区。它曾是军用机场，1986年5月20日经国务院、中央军委联合批复，同意迁建机场，腾出机场土地作为上海城市建设发展用地。1996年，部队撤离，机场留作民用。上海市自然博物馆的专家经考证后指出，原江湾机场上林灌型、森林型、湿地型、农田型的生态环境纷纷复出，重又串起了自然脉络。这里的生物群落由于少有人为干扰，各物种组成都接近"原生态"，具有很高的生物多样性。"内涵"丰富的"绿宝石"使专家们觅得了不少天然宝贝。36

种鸟类在此间雀跃、翱翔，占到了上海地区夏季鸟类总数的 88% 以上，并超过了佘山地区。这其中包括 3 种国家二类保护鸟类，12 种中日候鸟保护协定中的珍贵鸟种，还有上海今年新发现的小鸦鹃、市区罕见的"雀中猛禽"伯劳，科研人员在此间还"邂逅"黄鼠狼、蝙蝠、黄鼬及猪獾，并和蝮蛇、红点锦蛇打过"照面"。在 3 块绿地的水体中，专家还发现了 7 种鱼类，棒花鱼、食纹鱼均为市区罕见。灰巴蜗牛、背角天齿蚌也早在市区绝迹。入夜，这里的小纺织娘、马蛉、螽斯唱起了都市人久违的"和声"，绿叶间跳腾的草蝉更是目前上海的稀罕物。几位专程赶去休闲游的"老上海"说："以前要找这么块有野趣的地方，得乘火车去昆山。现在不出市区就见到了大自然！"

第三，表示的是"专家担忧"——

可是，这样的日子能长久吗？

由于长期疏于管理，原江湾机场自然生态区非法捕鸟和白色污染正日益加重。

据悉，"绿宝石"的魅力近年也"吸引"了不少人来此肆意猎杀生灵。频频响起的霰弹枪将成群的白鹭赶得仅剩零星几只，漫撒的毒饵给鸟、鱼、虫带来灭顶之灾，随意倾倒的垃圾还占据了动物们的栖息地。机场里面还居住着不少外来人员，生活污染严重，致使众多的河道被堵塞。

更令专家焦虑的是江湾自然生态区如今面临着一个更

大的威胁，一项庞大的城市建设计划将在这里付诸实施，以居住功能为主的新江湾城将取代目前的自然生态区。新江湾城居住区一期规划总建筑面积为 280 万平方米，综合性新兴产业园区建筑面积 65 万平方米，副中心建筑面积约 80 万平方米。新江湾城居住区内总建筑面积将达 375 万平方米，规划人口约 10 万人。

如此，江湾自然生态区还会存在吗？

第四，展现的是"专家分析"——

江湾自然生态区现有小型鸟类几十种，少量猛禽与小型上海本地兽类，为数众多的昆虫、鱼类与其他无脊椎动物，以及一定数量的植物与菌类等物种。这在保护与留存上海本土物种中具有相当大的意义。

为保持现有的生态价值，新江湾城开发中的生态保护区势必就不能设得太小或太散，如保护区过小，则不能支持一些猛禽与小兽的食物与活动范围，且不能避免外界人为的强烈干扰。只有具备一定面积的保护区才能有稳定均匀的内部环境，才能减少边缘效应，形成分散绿化区所不具有的特性的生态系统缀块，并与周围的河道绿地、环城绿带等形成廊道连接互动，并成为全市绿地的物种集散地，为将来建设生态城市打下基础。

同时，这样自然形成的一个生态"缀块""廊道"系统也将成为南北、东西方向迁徙鸟类的中间驿站。这是那些既无食物也无安全的零散人工绿化带所不具备的。

要符合这样的生态要求，江湾机场自然生态区只能完整保留。

专家分析。目前上海环城绿带规划只有 500—1000 米，这使得上海与其他一些国际大都市相比还存在一定的差距。一块绿色生态园区的存在，不仅提高了江湾地区绿化覆盖率，并且由于江湾绿地中有相当一块原生湿地，就使得这块绿地兼有"肺"与"肾"的功能。能够净化水环境，改善小气候，形成绿岛效应。这样宝贵的一种原生地貌可以作为生态教育的样板，让久居大都市的孩童们从小就懂得，上海的原生自然生态环境是怎样形成的。

上海"十五"期间计划建 100 万亩城市森林，使市民出门 500 米就可享有一块大型绿地，还有 500 米宽的环城绿带。这表现了政府改善上海绿化环境的决心，但其中涉及的人力物力是非常巨大的，从动迁到栽培养护，其中涉及大树移植等不仅成本巨大，还会容易破坏周边（大树取材地）环境。而与这些人工绿地相比，保护并利用现有原生绿地的成本就非常低了。专家指出，自然生态区原生地貌不仅体现在它的生物价值上，更体现在作为非人工建立的、有一定历史沉淀和一定时间演绎的自然生态系统的价值。目前上海正在大规模发展绿化，像延中绿地那样的大型公共绿地不断建成，不过它们还谈不上是生态绿地，从生态学的角度来说，由于物种单一或是强制的物种搭配，只能属于人工景观，难以形成上海的本土生态系统。江湾自然生态区恰恰弥补了这方面的不足。

最后，提出的是"专家设想"——

专家设想，江湾机场处于上海东北角的大学区，上海可否通过保护和引导，使它成为面向教育和科研的植物园或生态园。上海刚刚建成了以人文景观为主的青少年活动基地东方绿洲，一旦把江湾机场原始生态绿地建成以自然景观为主的活动基地后，这一西一东的景观就能发挥互补、呼应的效应。

专家建议，上海可通过不干扰自然的整治，在江湾机场建立一个基本封闭的生态公园，控制每日的进出人数，以达到生态系统不受人为破坏与干扰，保持自然发展的状态。

眼下，尽管有崇明东滩、大小金山岛那样的自然保护

新江湾城设计团队仔细讨论专家意见

区，但有的离市区较远，有的则是刚形成的陆地，有的更是弹丸小岛，目前尚缺乏形成生态多样性的条件，而江湾自然生态区的存在，为上海今后大力建设生态城市打下了良好的基础。

专家坦言，江湾自然生态区并不只属于上海，而应该是人类共同拥有的财富，它时刻提醒人们：步入现代工业社会后，人类必须注重生态环境保护。政府有关部门应重视这块难得的宝地，充分加以利用，为上海市民造福。

4. 一次系统、全面的"本底调查"

相比于上述专家以及志愿者组织的调查来说，接受上海市城市建设投资开发总公司新江湾城工程建设指挥部委托，并由上海市动物学会具体实施的"本底调查"则来得更为系统、更为全面。

"本底调查"的全称为"新江湾城地区动植物本底调查"，这是一次为生态民居建设的实施提供现有动植物本底资料的调查。这是一个由各高校、科研机构、相关协会专家、政府部门官员组成的庞大的多学科的权威调查队伍，他们被要求仔细摸清家底、全面掌握情况，再经详细论证，拿出最佳方案，供政府最后决策如何使用这块土地。为了系统、全面地完成调查，上海市动物学会成立了项目组，进行了分工：金杏宝，负责课题总体设计及昆虫学调查；周保春，负责组织实施，并负责江湾地形、地质演变史部分的调查；秦祥堃，负责江湾植被的调查和生境分型；崔志兴，负责鸟类和哺乳动物的调查；夏建宏、周忠良，负责水环境及鱼类学调查；夏建宏

生态园（沈敏觉　摄）

负责两栖、爬行动物的调查；刘漫萍、李利珍、司强负责昆虫学调查，其中李利珍负责隐翅虫的调查；赵云龙，负责昆虫以外的无脊椎动物调查。

调查范围是新江湾城规划范围内的 6 平方公里的土地，报告中被简称为"江湾地区"。江湾地区究竟是怎样的一块土地？在这片土地上究竟蕴含、承载着什么东西？这是牵涉江湾地区能否开发、怎样开发的两个根本性问题。

项目组动用了大量人力，以每月两三次的频率，采用 GPS 定位，进行了网格化的搜索性调查，详细记录了江湾机场旧址中的植物、动物（兽类、鸟类、鱼类、两栖、爬行、昆虫和无脊椎动物）各门类的物种，最后做出了《江湾机场现有树木调查》《江湾机场维管植物名录》《大绿岛植物构成调查》《新江湾城地区植物调查初报》《江湾机场生态建设建议》等一批报告。与此同时，对这块土地的地理变迁、历史沿革、文化内涵等，也做了相当深入的检索和了解。

江湾地区地处上海市区的东北角，距吴淞口约 3 公里，位于黄浦江流向长江的最后一道大湾的西侧。整个江湾地区地势低洼，原本长期河网纵横、池塘遍布，属于典型的长江三角洲湿地。自宋代成陆以来，江湾地区的地形和生境，经历了从原生的长江三角洲湿地生态系统—湿地农业生态系统—机场人工系统—废弃地生态系统—初步恢复的湿地生态系统等几种生态系统类型的转变。

史志中一张200年前的乡村地图，记录着这一地区密布的河网水系。两个世纪来，这一带原有的水乡风貌由于人口增多、农事活动的增强而有了大的改变，成为典型的长江三角洲农业生态系统。20世纪30年代，先是国民政府，后是日本侵略军在这里建设机场后，地表水被强制引入地下排水系统，原有河流仅剩下环绕机场的护场河，还有掩蔽军事目标，如弹药库、军械所、指挥所、营房等所需的小型人工池塘，生境已基本变成了全人工系统。自20世纪八九十年代机场停用以来，由于军用机场独特的隐蔽性和相对稳定的环境，使得原来保留在机场范围内的农田、树林、荒地、湖塘等生境的天然和人工的植被，都意外地重新获得自然演替的机遇。特别是20世纪90年代中期以后，机场撤离，包括机场跑道和弹药库在内的绝大部分工程建筑设施被拆除。地下排水系统受损，地表水逐渐返回，原来低洼的地面逐渐恢复为池塘、漫滩，残存的河道变成了次生沼泽、水泥跑道成了季节性湿地，长起了大量芦苇、菖蒲等水生植物。以由原机场的三个弹药库圆弧形掩体为中心组成的大型人工和野生植被混合群落 ——"大绿岛"及其周围水系为中心，构成了林灌生境、湿地生境、荒地生境等三大湿地生境，支撑起一个庞大的植物生态系统，内含237种维管植物。其中有20多棵胸径在20厘米以上的古老桑树，据考是清朝灭亡前夕栽种的，至今长势良好。还发现了不少在上海生物库早已"灭绝"的珍贵物种，如野菖蒲和野大豆等。

丰富多样的生境和植物，使废江湾机场成了野生动物的聚居地，其品种及数量之多，远出乎人们的想象。课题组在这里调查到的哺乳动物（不包括啮齿目）有9种之多，其中包括国家2级保护动物水獭、小灵猫，以及刺猬、短耳兔、黄鼬、蝙蝠等。哺乳动物的遇见率及其踪迹之频，不仅在上海市区，而且在整个郊区都极为少见。调查还发现了12种爬行动物、5种两栖动物，其中蓝尾石龙子、红点锦蛇、水赤链游蛇、黑斑蛙、金线蛙、饰纹姬蛙在上海市区是首次记录。同时还发现了1.2米左右长的大乌梢蛇。

鸟类品种之多也名列上海地区前茅。三年的调查中，在江湾共记录到鸟类114种，占全市品种种类388种中的四分之一。它们分别归属于13目31科，鸣禽（雀形目）、涉禽（形目、鹳形目和鹤形目）各占半壁江山。调查中还发现了一些逃逸的笼养鸟类，如红耳鹎、黑翅椋鸟和画鹛等。所谓"良禽择佳木而栖"——良好的生态，使江湾地区实际上成了城市居民笼养鸟的避难所。

江湾甚至也成了鱼类的丰产之地。由于废机场水生境多样，水深不一，水草茂盛，边缘曲折，为各种水生动物提供了宝贵的栖息场所。调查组在这里共发现了18种鱼类，其中有食浮游生物的麦穗鱼和高体；杂食性的鳊、棒花鱼、鲫鱼、鳗尾泥鳅、大鳞副泥鳅和黄幼；食无脊椎小型动物（主要指水生昆虫及其幼体、浮游动物）的食蚊鱼、黄鳝和圆尾斗鱼；食其他小型鱼类的红鳍、沙塘鳢、子陵虎鱼、乌鳢、刺鳅，等等，构成了一个相当规模的淡水鱼大家族。

数量最多的动物，要数昆虫。在前后11个月中，共调查到昆虫14目122科352种。其中有193种植食性的昆虫，它们促进了植物的受粉结果，而自身则将植物蛋白转化成动物蛋白，为其他动物的生存提供了营养源。其中，大绢斑蝶、虎斑蝶、白带螯蛱蝶、柳紫闪蛱蝶、金凤蝶、玉带凤蝶，以及许多蛾类、甲虫，色彩艳丽，极具观赏价值。此外还发现了 8 科 15 种鸣虫，如小黄蛉蟋、赤胸墨蛉蟋、凯纳奥蟋、中华树蟋、云斑金蟋等，都较不常见。鸣虫素来是上海市民的钟爱之物，因此，每到秋天，总有大批人来到江湾机场寻觅鸣虫。

野外调查从 2003 年 2 月 10 日起，至 2003 年底基本结束。其间，在指挥部的安排下，项目组积极为有关设计公司的业务人员提供相关信息；为了配合工程的需要，先期为建设指挥部提供《上海地区乡土树种名录》《江湾机场现有树木调查》《江湾机场维管植物名录》《大绿岛植物构成调查》《江湾机场生态建设建议》《新江湾城地区植物调查初报》等报告，应邀参加建设指挥部组织的方案咨询 2 次。2003 年 6 月下旬，项目组向指挥部递交了《江湾的自然与生态保护（新江湾城地区动植物本底调查中期报告）》。

在这次调查中，项目组得到了许多热情人士的支持和帮助，在《新江湾城地区动植物本底调查报告》中，他们列出了一个致谢的名单：李钦栋（熟悉江湾情况的当地居民）、曹末元（原上海自然博物馆两栖、爬行动物专家）、宗愉（原上海自然博物馆研究员）、岑建强（原上海自然博物馆副研究员）、宋永昌（华东师范大学环境科学系教授）、达良俊（华东师范大学环境科学系副教授）、黄正一（原复旦大学生物系教授）、汤亮（上海师范大学生物系在读研究生）、胡佳耀（上海师范大学生物系在读研究生），还有许多不知姓名的当地居民，在他们标本信息的收集方面也提供了极大的便利。

5. 专家对生态住宅小区建设的建议

最终，新江湾城地区动植物本底调查项目组在细致摸清江湾地区的生物和基本生态情况之后，做了一份内容翔实、措辞严谨的调查报告，从中可以逻辑地推理出几点重要的意见——

其一，江湾地区确实已形成非常丰富的生境类型及动植物群落，拥有弥足珍贵的自然资源和生物演替系统。其二，江湾并不具有某些媒体所称的"原生态"特征，也并非如美国纽约中央公园那样，是城市开发初期一直保留下来的"生态处女地"。它的特色是，由于人类活动的节制，自然生态得到了缓慢的恢复。其三，由于四周地区已完全城市化，江湾不仅已不具备彻底完成生态复归的条件，而且目前的生境也难以自然维持，长此以往还可能给周边居住环境造成一定负面影响，如水体侵害造成污染、蛇虫外逸祸延百姓等。最后，统筹江湾这块珍贵土地中多种资源的综合价值，进行适度的人工干预和生态重建，可能更有利于系统地保护和利用它的自然生态和人文生态，使之成为上海市中心区一个"生态居住区"的典范。

对新江湾城生态住宅小区建设，新江湾城地区动植物本底调查项目组也提出了他们的建议——

生态小区是一个综合性的概念，一般包括三个子系统：社会生态、经济生态和自然生态。报告仅涉及自然生态环境的内容，不包括非生物因素所引起的环境污染问题。

新江湾城要建成上海城区内真正意义上的生态小区，其核心的评价指标将是小区内的生物多样性指标，即小区内本土植物和栖息其间的本土动物的多寡，及其生长繁殖状况，而植被则是生态小区的基础要素。

参考国内外对绿色住宅或生态小区建设的标准，其核心问题是建设人与自然和谐相处的生态环境。小区内应拥有开阔的自然空间，要有一定面积的自然保护区（覆盖率大于 5%），以确保现有的自然景观得到保护，进而使生物多样性得到最大的保护，实现生态小区建设的目标，即居民与各类野生物种共同生存于和谐、优美、舒适的自然环境的目标。为此，我们拟提出以下的指标框架，作为对日后建成的新江湾城生态住宅小区的评估参照：

（1）设立空间上连续的自然保护区，不小于新江湾城总面积的 5%，用以保存江湾地区有特色的自然生境和物种，并为迁徙、逃逸的物种提供避难场所；

（2）水体覆盖率不应低于上海地区的平均水平（10%），包括池塘、河道和季节性蓄水池，保持水缘一定的自然蜿蜒度，并与江湾地区外部的水系保持连通；

（3）保留足够面积的不同类型的自然景观，如拥有本地植被的草地、灌丛和树林，能容纳现存的珍稀和常见的动物物种，并能满足其栖息和繁殖的需要；

（4）具有贯通小区内各种生境的生态廊道，确保野生动物有迁徙流动的途径；

（5）现有的具有上海地域特征的物种最大限度得到保护，尤其是乔木、灌木和藤本植物；小型兽类、绝大部分鸟类、蛙类、鱼类和无脊椎动物；

（6）最大限度地降低铺设地面的比例，用以保持地面的可渗透性，减少水资源的流失；

（7）充分利用小区的自然资源，为居民提供接近自然、享受自然的条件，并为居民开展生动形象的环境启示教育提供立体教材，进一步提高居民对居住地的自然环境和人文历史的认同感。

根据上述评估指标和现有的新江湾城的控详规划蓝图，我们对新江湾城生态建设提出以下具体建议：

（1）自然教育园

从调查结果来看，"大绿岛"的植被密度最高，鸟类也最多，其生物多样性的基础较好，因此规划中的自然教育园或生态公园应该以当前的"大绿岛"为核心。自然教育园是体现新江湾城生态理念的标志，一定要与国际上类似的城市自然保留地、自然中心或生态中心的水平接近，方能体现上海国际大都市的形象和气魄。自然教育园的建设，可参考国外大城市的类似经验，如东京的自然教育园。

功能定位：

既有象征和示范教育意义，又有实质性的自然保护效果。要充分体现上海地带植被和动物区系特色，江湾湿地特点，机场废弃地生态演替特征，应作为上海唯一的能了解自然生态过程的野外观察学习与生态旅游基地来对待，该地以实现休闲教育双重功能为目的，具社区教育园属性，故建议称作"江湾自然教育园"。该园的具体功能有：

自然保护——保护现存的所有野生生境、自然景观，以及栖息其中的所有野生动植物。通过物理和生态措施，将人为干扰减少到最低限度。

休闲旅游——触摸自然，体味野趣，放松回归，欣赏自然的美丽、魅力、神奇。

教育学习——就地取材，营造体验式学习氛围，了解野生动植物生长的环境与过程，观察自然界如何工作，通过识别乡土树木、野花野草、蝴蝶、鸣虫、水草、鱼类、鸟类、蛙类等活动，从大自然中获得启迪，理解可持续发展的内涵与系统概念。

自然教育园的范围：

广义的自然教育园应包括原弹药库（大绿岛）和生态廊道，封闭式的和开放式的保护相结合，狭义上的自然教育园仅指大绿岛。

除大绿岛外，应向南扩展至少100米，尽可能包括现存的一些零星小池塘（湿地生境）和荒地生境；向东尽可能延伸，至少通过林带与东面残存的河岸林灌和水面（通过暗渠）相连。通过正在开挖的景观河道，将上述河岸林灌和位于殷行路北侧的河岸林灌连接起来。如此串起的生态长廊，将形成一个块条相织的生态网络，为最大程度保留江湾现有的各类生境和物种的迁徙交流提供载体。

功能区划分：

鸟类观察站、水生生物观察站。

江湾博物馆——将有关江湾地区的自然变迁和历史的研究积累（资料、标本）进行陈列，让社区居民了解自己社区的历史，认识自己社区的价值，培养热爱家园，热爱自然的情怀。

（2）生态廊道

规划中将现存的南北二段河流通过开挖人工河道连接起来，同时培育形成贯通南北的沿岸林灌。基本维持现有生境，尽可能扩大两岸的林灌和草丛面积，沟通水系；适当改造地形，以增加小生境的多样性。延伸扩大的部分，应尽可能参照江湾现有的林灌生境，适当移植青冈、苦槠、红楠、天竺桂、毛竹、刚竹、哺鸡竹等常绿树种，榉、麻栎、白栎、豆梨、椿叶花椒、黄连木、苦楝、梧桐、日本野桐，以及归化植物刺槐等落叶树种。另外，泡桐、槐、榆、杨、三角槭、枫杨、重阳木等，曾经是上海绿化的重要树种，也可以形成人工林，虽尚未见它们有自生的幼苗，可能还不是真正意义上的乡土树种，但在对乡土树种还未彻底了解的今天，可以继续采用，作为我们模拟自然森林的重要树种。蚊母，枫香等树种，可以用来模拟上海地区森林植被的顶级群落。河岸林灌与其他绿地和湿地的连接应尽可能留有扩展余地，将人造痕迹减少到最低限度；不求立竿见影，只求为自然景观的自我发展留足空间与时间。

同时，在构建草本植被时，要为本地的野花野草，特别是野大豆的生长繁衍留足面积，以期形成特色群落。

生态廊道的设计要多考虑各类动物栖息繁殖的需要，增加隐蔽环境和取食来源。为了尽快取得生态效果，可考虑在建设期间封闭一段时间，排除人为干扰。同时，居民的步行道尽可能采用透水性能好的地面铺设材料，保持最大面积的渗水地表。

（3）中央水景公园

如不能利用现有的池塘，则应根据现有的水体特征，尽可能在人造水景公园中体现各种类型的水体特点，移植具有代表性的水生植物和动物，如芦苇、菖蒲、双穗雀稗和多种鱼类、蛙类、水生昆虫等，或为这些生物的迁入留有自然通道，同时注意控制有害生物对居民的干扰。保持水缘岸线的自然蜿蜒度，并用植被来固着堤岸和缓冲人为的干扰，同时考虑将水体与生态廊道的水系相贯通。

（4）居民区的绿化建设

在充分利用现有的自然生境和种质资源时，将富有特色的江湾植被化整为零，予以保留，并通过引导和选择，增添能被居民接受的其他富有地域特色的植被，把居民房前屋后的小块绿地和大块公共绿地，通过大小行道树林、灌丛林和野草斑块，连成绿色的生物多样性网络。

6. 不仅仅是上海第 100 个街道的揭牌

其间，有一件事情是一定要提的，那就是新江湾城街道的成立。1998 年 1 月，上海市政府将江湾地区的行政管理权限划归杨浦区，同年 5 月，宣布成立了江湾新城街道（筹），经过了整整 5 年，选择在这个时候宣布成立，是契机，也是玄机。

2003 年 10 月 30 日，上海市第 100 条街道——新江湾城街道成立。当天，时任上海市副市长周太彤，杨浦区区委书记陈安杰，区委副书记、区长蒋卓庆等领导出席了成立仪式。

新江湾城街道正式成立，这是上海中心城区第 100 个街道，也是占地面积最大的街道。副市长周太彤亲临揭牌并讲话。对于一个街道的成立，市领导如此重视，人们可以因此做出判断：这不仅仅是为上海第 100 条街道揭牌，更是向整个社会透露了一个确定无疑的信息，那就是新江湾城的建留之争可以停歇了。

事实上，周太彤副市长也确实在揭牌仪式上透露了"新江湾城新规划方案初定"的信息。在媒体随后的报道中，强调了新的目标：中心城区最大生态型、知识型花园城区。

占地 9.45 平方公里的新江湾城将建设成为世界一流、全国领先的生态型、知识型花园城区，并突出生态聚居区、大学校区和科技园区的三大功能。记者从新江湾城街道成立揭牌仪式上获悉，作为中心城区最大的一块未开发的处女地，新江湾城的规划方案已初步拟就。

规划中的新江湾城东起闸殷路，南至政立路，西达逸仙路，北抵军工路，是全市最大的街道，其规划方案经国际方案征集，吸纳并优化了来自美国、德国、意大利、澳大利亚等国际设计公司的先进理念而成，目标是建成中心城区中最大的生态型、知识型花园新城区。杨浦区还把新江湾城的开发建设视为杨浦大学城开发建设的示范区。

规划中的新江湾城9.45平方公里面积中的1平方公里将作为复旦大学的新校区，规划建设国际教育文化基地，以研究生、海外留学生为主，以生命科学等强势学科为主。新江湾城中还将规划建设以研究开发、科技孵化功能为主的科技园区，重点发展以大学重点学科为支撑，具有优势的知识密集型产业，带动区域经济能级的提升。

居住功能是新江湾城的重头戏。规划中的新江湾城以网络状的生态水系和绿化为骨架，以绿地、河流和房屋错位分布，显示出生态和花园式的形态，规划绿化总面积将达50%，建设中央公园、生态公园和主题公园等3个大型社区公园，其中生态公园将保持原有自然植物、动物等原始生态风貌，使人居空间与生态水系、绿化相互渗透，大学校区和居住社区相互促进共生。计划还将在军工路南侧建成大片湖面，并建造一个游艇码头。在交通安排上，轨道交通M8、M1线经过新江湾城，还将设置7条公交线路的终点站。同时，规划中的沪崇苏、翔殷路越江隧道等都与新江湾城有关。

"新城不同老街。"这是新江湾城街道成立大会上市领导的殷切寄语，当然，这个"新"不仅要体现在新的社区环境上，更要体现在新的管理方式上。不过，这是后话。

浦江一湾

筑梦

新江湾城转型发展阶段：在知识经济和全球化时代，呼应城市创新转型发展的需求，创新开发方案，明确定位和优势，促使新江湾城在国际城市的经验下进行规划升级和启动建设，在更高的发展起点上，为上海城市发展提供示范案例。

上 海 新 江 湾 城 的

前 世 今 生

第一章　亮出第一张生态"名片"

在这场争论中，上海市领导充分体现了现代政治文明意识，酝酿多时才制订出来的 2001 年规划被毅然舍弃，不符合科学发展的"前期开发"行动被断然叫停，同时对城市规划、生态与经济建设、人与自然和谐共存提出了指导性意见。

1."8.8"带来的新启迪

其实，要将新江湾城建设成为"21 世纪知识型、生态型花园城区"的总体目标，早在 2001 年 8 月 8 日就已经提出。那一天，时任上海市副市长韩正到市城投总公司调研，其时，市城投总公司办公地在浦东南路 500 号国家开发银行大厦，这是韩正作为副市长分管城建后，第一次谈对江湾机场的建设要求，后来被新江湾城建设者称为"8.8 新启迪"。

这是一种新的思考，也是一个新的思路。

"8.8"的第二天，新江湾城开发公司管理人员就开展专题学习，对副市长韩正调研新江湾城时作出的重要指示进行讨论。

我在上海城投为庆祝改革开放40周年开展的以"再回首、再出发"为主题的口述历史活动中，就"新江湾城开发历程"这一专题展开时，曾经谈到了"8.8"给我们带来的新启迪："我记得是2001年的时候，副市长韩正听取了新江湾城的开发情况汇报以后，举了一个很生动的例子：一片土地就像我们做衣服的一块料子，新江湾城这块土地是一块很好的料子，它应该做成西装，绝对不要做成背心。这句话，给我的印象很深。第二句话就讲，杨浦的五角场要和徐汇的徐家汇比，五角场的房价将来也可以到每平方米两三万元。所以，领导的高瞻远瞩是完全着眼于城市未来发展的。然后，在市领导的要求下，市规划主管部门也从面向世界的角度、面向未来的要求，对规划做了新的调整，把这有限的上海土地资源用好。从今天来看，这是市领导的高瞻远瞩，也体现在我们的规划调整上眼光远、起点高，所以才有今天这样发展的美景。"

事实正是如此，进入21世纪后，随着科技革新带动经济全球化，国际范围内逐步形成了新的产业链和劳动力布局，世界经济的多极化发展为亚洲国家尤其是中国带来了经济飞速发展的空间和推动力，但同时也认识到诸如无序扩张、基础设施不足、环境破坏等一系列城市弊病，促使人们开始反思发展的代价，以及国际化大都市可持续发展的支撑力。生态文明建设倡导的协同发展、绿色发展、集约发展成为主要导向。同时，知识经济发展严重冲击传统工业，经济结构面临巨大转型，产业布局亟待调整。因此，城市发展必须同步做出快速反应。

2001年，《上海城市总体规划（1999—2020）》获得国务院正式批复，《规划》明确提出要把上海建设成为经济繁荣、社会文明、环境优美的现代化国际大都市和国际经济、金融、贸易、航运中心之一，翻开了上海城市建设发展的新篇章。

申博成功后，上海的国际影响力提升，城市形象的优化成为重点工作。同时，"城市，让生活更美好"的世博会主题讨论激发了政府和人民对21世纪城市生活的更高期许和要求。新江湾城和世博园区分别作为黄浦江沿岸的南北两端，成了上海创新实践国际城市发展新理念的两个重要区域，随着浦江两岸综合开发启动了形象和功能建设，为形成完整的浦江链遥相呼应。此时，新江湾城的开发也面临了项目下马、图纸封存、规划重做的思考。但是，以"8.8"为起点，新江湾城在更大范围和更高理念上启动了一系列规划优化和调整工作，规划范围扩展到9.45平方公里，以此来推动区域发展。

社会在进步，时代在发展。新江湾城新一轮开发的序幕，在这片热土上重新拉开了。

2. 新江湾城建设指挥部应运而生

领导有要求，社会有期望。

2001年，上海市委、市政府对新江湾城开发提出了全新的定位。在这个定位下，新江湾城是简单地采用居住区开发形式，还是站在历史的高度，走出一条城市土地成片开发的新路，是摆在上海城投面前的一项重大课题。

如何描绘出新江湾城新一轮的宏伟蓝图？谱写新江湾城开发历史的新篇章？这是市委、市政府交给上海城投总公司的重任。

2002 年，城投总公司明确提出以建立集团化管理模式为方向，以"管人、管事、管资产"有机统一为目标，层次分明、职责明确，各司其职的事业部制组织结构。因此，新江湾城的新一轮开发，首先从人事和体制上改革。2002 年 3 月，市城投总公司对新江湾城开发公司的董事会做出了调整，由城投总公司副总经理孔庆伟任董事长；同年 6 月，聘任刘建士为新江湾城开发公司总经理，俞卫中、李长明为副总经理。此时，并且同步对新江湾城公司的党组织进行换届选举，产生了刘建士等 5 位委员组成的新一届党组织，由刘建士任书记，我任副书记。

但仅仅半年的时间，城投总公司又进一步调整了新江湾城开发组织构架，2003 年的 1 月，下发了沪建投〔2003〕002 号文——

关于成立上海城投新江湾城建设指挥部的通知

总公司各部门：

为进一步理顺管理体制，加强新江湾的开发和建设，经研究决定：成立上海城投新江湾城工程建设指挥部。

上海城投新江湾城工程建设指挥部由孔庆伟、戴晓坚、刘建士、俞卫中、李长明、郎延海等六位同志组成，孔庆伟同志任总指挥，戴晓坚、刘建士同志任副总指挥。

特此通知。

上海市城市建设投资开发总公司

2003 年 1 月 3 日

新体制，新目标，新要求，新人马，新征程。

在新一轮新江湾城的开发建设工作中，新江湾城公司定位为项目管理执行层，其主要任务实行全面预算管理，管好用好建设资金，受总公司委托负责对 9000 亩土地进行综合开发和管理；组织各类规划编制及实施中的监督，以质量、安全、进度为重点，确保资本高质量地转化为产品……

随着开发机构的变化，我的工作岗位也发生了变化。领导找我谈话，调我任置业事业部的人事总监，具体负责落实人力资源工作。这时，说实在的，我的想法十分单纯，只要对新江湾城的开发有利，其他都无所谓。

在社会对新江湾城特别关注、领导对新江湾城开发特别重视的这段时间，城投新江湾城的建设者则在苦练内功，一点也不敢懈怠。

调整部门设置和职能，引入市场竞争机制，对项目管理的组织结构及运行机制进行调整，以项目体为主，分环境建设、市政配套、房产开发三个板块进行项目体管理，形成内部竞争和激励，以达到"建设高效运转、资源充分共享"的目的。

组织和动员全体人员参与新三年开发大纲的编制，明确提出三年（2003—2005）的开发目标，按照"上海一流、全国领先"的要求，面向国际，征集设计方案。

公开向社会招聘各类专业人才，开门建设新江湾城。

引进和招募各种专业人才，城投总公司的领导相当重视，通过多种渠道展开，一是领导自己亲自出马，去市里各专业局要人、要能人；二是请相关专家推荐专业人才；三是面向社会公开招聘；四是进行系统内的人力资源整合，补充调剂一些人员。

一直在市政建设系统工作的年轻干部戴晓坚被调来，城投资产公司俞卫中等房地产技术人才充实到新江湾城的开发队伍，城投置业的洪国斌等人员也加入进来了……

关于人才引进工作，可以讲的故事实在太多了，我只能挑其中的几个来说一下：

比如，城投总公司领导从市规划院发现了一个人才，是专门负责城市总体规划的硕士研究生，与其接触后，她本人也愿意到市城投来，于是，领导就交办我去该单位办理手续，但是没想到，这个单位死活不肯放，来来回回谈了多次，最后总算同意放人，结果却要城投支付培训费，几番波折才办妥了各种手续。

又比如，城市的河道景观领域的专业人才，一般都集聚在市水务系统，因此城投总公司的领导就主动上门，去水务局找人才，水务局干部部门积极帮助我们推荐人才，给了我们极大的帮助。

还有一个曾在英国威尔士大学硕士毕业的"海归"主动找上门来。她于1993年随父母搬到中原小区之后，每天进出新江湾城地区，这片土地与家之间就建立了某种联系，她为每天看到江湾机场因开发发生的变化而激动，新江湾场的一草一木、一砖一石展现了城市建设的无限魅力，她就主动找上门来，要求加入这支开发团队……

就这样，新江湾城新一轮开发，吸引了各路人才，博士来了、"海归"来了，懂规划的来了、熟悉景观的来了、搞水利河道的来了……

推进新江湾建设，加强现场管理

因此指挥部的搬迁也顺理成章——

随着新江湾城开发的推进，社会关注度越来越大，前来参观的、采访的、洽谈业务的等方方面面的人络绎不绝，如果指挥部还是窝在机场里面，对大家来说都会很不方便。

时代花园第一个示范居住区建成入住后，我们在殷行路 880 号同步建成了三层的配套用房，一层对外招租，引进联华超市，为周边的老百姓服务，对二、三层进行了装修，作为新江湾城公司新的办公楼，这下，办公的条件有了很大的改善。我们在三楼建了一个大厅，专门放置了一个规划模型大沙盘，设计装修了一个贵宾接待室，拍摄了一部宣传资料片，一进公司三楼大厅，就有一幅很显眼的《好地方、好风光》的彩色图片。

2002 年 8 月 28 日这一天，殷行路 880 号成为新江湾城新一轮开发的指挥部。

这一年，在我所写的《五年风雨路——建设新江湾城随想》中，不仅留下了"昨天——感慨与奉献"的章节，记住了"今天——努力与拼搏"，同样也展开了"明天——展望与奋斗"——

成功的运作，使新江湾城及周边地区的人气、房价和地价徐徐上升，使得我们的心气也随之上升。

新江湾城进入了新一轮开发。

难忘的"8.8"，市政府领导来了，对新一轮开发作出了明确的定位，那就是花园城市、生态居住区，一个面向国际招标的总体规划即将撩开神秘的面纱，新一轮开发的军号即将吹响。

展望明天，明天的新江湾城将会引起人们多少缤纷的遐想，你就尽情地发挥你的想象力吧，或许，任你怎么想都不会过分。我想明天的新江湾城，应该是，中国的"堪培拉"、上海的"新虹桥"、浦西的"陆家嘴"。

我忍不住在学习讨论会上发言了，我说了"三敢三不"：敢想，不要等。什么事情都等看清楚了再做，机遇说不定就在等的时候失去了；敢做，不要粘。假如前怕狼后怕虎，那就什么都干不成；敢试，不怕乱。摸着石子过河，这可是我们改革开放的总设计师的名言。

我说得太冲了吗？言为心声。

我想得太多了吗？梦想成真。

电视剧《西游记》中的主题歌是怎么唱的？"敢问路在何

方？路在脚下。"那歌词写得真好，路——在——脚——下！

那么，朝着更加辉煌的明天，走啊！

3. 生态性居住区开发拉开序幕

生态性居住区开发拉开了序幕。

我一直都保存着《新江湾城开发大事记》，市领导对新一轮开发的重视和关心，在这一组数字中就可以显而易见——

2001年8月8日，韩正副市长到城投总公司，就新江湾城开发建设、规划调整工作做了重要讲话。这也是韩正任副市长，分管市城建工作后，第一次对新江湾城开发建设工作提出要求。

2001年8月30日，韩正副市长在杨浦区党政领导的陪同下，到新江湾城现场考察和实地调研，又一次对新江湾场新一轮的规划调整提出了明确的要求。

2001年10月7日，市建设和管理委员会主任张惠民、市建设党委副书记孙熙宁到新江湾城听取工作情况汇报和落实市领导指示实施情况。

2002年7月10日，市政协主席王力平等市政协领导，在杨浦区委书记杜家毫的陪同下，到新江湾城公司进行调研。

2002年8月17日，韩正副市长、吴念祖副秘书长率市规划局、市房地局、市住宅局等有关部门负责同志来新

江湾城调研，对新江湾城新一轮的规划和开发建设工作提
出了更明确的目标和要求。

　　2002 年 12 月 30 日，教育部副部长张荣江来新江湾城
视察，专题听取新江湾城规划情况的汇报。

　　这一连串的数字，记载了各级领导对新江湾城开发的所倾注的
心血，而新江湾城的建设则是高瞻远瞩的目光、高屋建瓴的思路和
战略决策的结果。

　　以"生态优先"为原则精细制订规划，严格执行规划。这一经
过深入调查后得出的科学结论，成为上海市有关领导为新江湾城开
发准确定位的决策依据。上海市主要领导亲自叮嘱负责新江湾城开
发的上海城市建设投资开发总公司，必须认真听取各方面专家的
意见，严格遵循"尊重自然、保护生态""生态优先""追求人与自
然和谐"的原则，从认真规划入手，将生态理念渗透到整个建设过
程里去，把新江湾城开发成一个有高度自然品味和生态文化属性的
"21 世纪示范居住区"。

　　一万年太久，只争朝夕。

　　在《新江湾城开发大事记》中，同样清晰地记录了我们当时落
实"8.8"精神的轨迹——

　　8 月 13 日，新江湾城开发公司就向城投总公司作出了
《关于落实韩副市长 8.8 讲话精神的情况报告》汇报。

　　8 月 14 日，新江湾城开发公司主要领导与市规划局有
关人员就新江湾城地区结构规划事宜进行讨论，确定了方

案征集的组织机构、涉外单位的筛选、时间选择，并做了具体计划安排。

8月15日，新江湾城开发公司向城投总公司汇报《新江湾城公司与市规划有关人员就新江湾城地区结构规划事宜讨论情况的报告》。同日，市规划局发出《关于优化新江湾城规划方案的函》，要求新江湾城开发公司对规划进行优化和适度调整。

8月21日，根据韩正副市长对规划编制的要求，新江湾城开发公司上报了《新江湾城规划专题会议需要明确的几个问题》的报告，确定工作计划和编制新规划需要考虑的问题。

9月25日、26日，上海城投邀请美国强森、澳大利亚伍兹贝格、德国SBA和意大利高力四家设计事务所正式签署了委托设计合同，入选参加新规划设计。

11月6日至8日，市规划局牵头召开新江湾城规划方案国际征集中间成果汇报会，市建委领导皋玉凤、熊建平等有关单位领导出席，四家境外设计公司参加会议并回答了专家提问。

一批在国内外卓孚盛名的生态建筑景观机构"重砌炉灶"，为新江湾城"整体生态保护性开发"做了一个全新的总体规划。规划借鉴了国内外生态型社区的成功开发经验，通过对特有生态原貌进行充分保护、适度重建和科学发展，从生态环境、水系循环、道路交通、景观构架、生活配套、市政设施等六大系统，完整勾勒出新江湾城的开发蓝图，赋予了新江湾城丰富的内涵。

4. "江湾绿心"先期受到保护

许多社会人士以监督的目光，盯视着新江湾城的建设，关注的重点自然是江湾生态系统的核心——大绿岛。

新江湾城生态源占地面积 150 亩，原是江湾机场的弹药库。作为军事要地，具有良好的隔离、隐蔽和保护措施，人为活动很少。历经 60 多年的变迁，使这块土地生境幽闭、巨木参天、枯树遍地；弹药库周边的防护河长期不受人为干扰，湿地内植被茂密，水生生物多样；周围无人管理的空地草本丛生，吸引了大量的动物栖息，使生态源呈现良好的自然风貌，成为上海市中心区人为干扰最少、生物多样性最丰富的区域。大量的物种在此栖息，相互作用，共同组成复杂、稳定的生态系统，是上海宝贵的自然资源。生态源也是新江湾城生态建设中生态水系和生态景观的起点，通过生态廊道和水系，把渗透压的原生态意象和生态服务功能传入新江湾城居住区的每一个角落，同时连入全上海的生态支持系统。因此，生态源的保护和建设，对新江湾城乃至上海的生态建设，都具有重要的意义。

这片"江湾绿心"现已按照总体规划的要求，被严密地保护了起来。如何保护？确实需要用心、用脑的。

在前期生态本底调研的基础上，对生态源进行了生态保护和修复规划，但是交通组织上，如何利用原有道路的设计方案一时难以定下来，工程方面的人认为道路基础好，尽管水泥路面感观不好，与生态景观不甚协调，但可以利用；生态专家认为应该做架空道路，以便于小动物穿行；设计师们则认为环保是关键。新江湾城的建设者，尤其是负责技术的总师室拿不定主意，一直处于研究阶段。说来也巧，没几天，上海市人类居住科学研究会专家正好到新江湾城考察指导，由指挥部具体负责技术的同志接待。这天天气很好，专家们对新江湾城生态规划的兴趣也很高，负责技术的同志就把工作中一些困惑拿出来请教，此时，学会领导指着一位衣着朴素、面带微笑的女士，对我们现场的建设者说，有大导演史蜀君老师在这里，她电影拍得多，点子也多，请她给出个主意吧。史蜀君导演也真的心直口快，她指着面前一条再普通不过的水泥路面说道，这是一条走过抗日战争、解放战争、建设新中国的路，怎么可以动呢？新江湾城不仅有生态意义，还有教育意义，我建议保护下来。"好主意！"大家纷纷点赞这个主意好，新江湾城的建设者们，最终怀着对历史的尊重，按照这一建议采用了保护性方案。一条普普通通却有着历史意义的水泥路就这样留在了大绿岛上。

多年来，在生态、园艺学家们的指导下，园林工人们在基本不改变原有地貌和植被的前提下，精心疏浚死水塘、接起断头河，又插空移栽了珙桐、秃杉、新木姜子等一批珍稀树种和青冈、苦槠、红楠、天竺桂、哺鸡竹、泡桐、三角槭、枫杨、重阳木等乡土树种，使大绿岛既保持了原有的自然风貌和生态作用，也变得更加清丽动人。

大绿岛东北角原有大片杂生芦苇、水菰、野茭的浅水沼泽，前几年经常有水鸟在这里筑窠抱窝、繁殖后代，也引来过不少捕鸟、捡蛋的人。如今,这片沼泽面貌依旧,只在一侧临水处架了一条非常隐蔽的"生态观赏小道",准备在今后供科学考察者和爱好生态的市民行走。在干枯的苇丛、柳灌丛中,人们依然能够看到相伴出游的野鸭,水荡中也仍然会传来黑水鸡的求偶声。上海地区常见的柳莺、夜鹭、伯劳、白头鹎(俗称"白头翁"),以及棕背鸦雀、云雀等平时较难见到的鸟类,都会继续栖息在这里。

按照国外生态学的新理念,对自然生态不仅要保护、修复,还应当结合人和自然的相互关系,进行适当的生态建设。擅长此道的美国易道公司按照这一理念,为新江湾城设计了一条约2公里长、宽窄不等的"生态廊道",让它成了新江湾城生态规划的华彩乐章。

为了加深自身体验和参与保护、修复,我曾经不止一次全程走完这条长长的"廊道",感受着人与自然和谐共处的理念,并在其间摄录了不少镜头。这里的河道极少呈规则的几何形状,大多按自然形态曲折蜿蜒。多处浅露的河滩则是鸥鹭等涉禽嬉戏的"舞台"和觅食的"餐厅"。

绝大多数河岸呈现自然化和半自然化,即由湿地、木板、草地、砾石构成软质驳岸,延伸到水中,使人、水不再硬性分隔,而是自然相亲。生态廊两侧道路,极少硬质水泥路面,多为木桩扎边、碎石填渣、卵石夹砂,既便于四周植物蔓延,又便于自然排水,还可发挥拦蓄雨水、滋养绿地、补灌地下的功能。在植物群落的配置上也努力体现出现代生态园艺学潮流——不用人工雕琢的大色块、大界面,而多以常绿和落叶林为"骨"、小乔木和灌草为体,混交、杂种。在植物品种中,充分发挥本地野花野草的作用,并尽量让它们野化搭配、粗放种植。外界一直都在流传的那棵"桑树王"其实还在，据说，晚清有个秀才在附近举办过养蚕培训时，曾经在这里种植过桑树，如今这里还有一棵胸径达 2.1 米、树高超过 15 米、树龄有近百年的"桑树王"。

我还特别注意到，"生态廊道"经过之处的桥脚和码头底部，都留有大大的空隙。原来，这是为小动物们设置的"专用通道"。不少绿地之间，也安排了大口径的管道，供野生动物自由往来。建设者们还在一些浓荫密布、水道纵横、人迹难至的"阴暗角落"，特别保留了一些专供动物谈情说爱的"私密空间"。这样一来，新江湾城的生态网络就连成了一个大整体。今后，黄鼬、狗獾、短耳兔、刺猬等小动物，都可以在这里找到更适于生存和繁育的"安乐窝"。

5. 对话"生态展示馆"

上海新江湾城生态展示馆位于城区南部一块历经 70 年封闭和演化、占地 150 亩、有着次生态特征的大绿岛西侧。展示馆以生态教育、科学研究、观赏休闲为主要功能，建筑面积为 460 平方米，规模不大，其建设过程却是耐人寻味的。

讲起这个馆，其实特别有意义。这是新江湾城新一轮开发建设的第一个建筑，于 2005 年 5 月 12 日正式落成，这一天，时任上海市副市长杨雄、市府副秘书长洪浩率市发改委、市建管委及市房地局、市规划局、市绿化局、杨浦区政府等领导前来参加一个十分简朴的落成仪式，杨雄为"生态展示馆"剪了彩。

讲起这个项目，就一定要说一下葛清和胡剑虹两位技术专家。

1971 年出生的葛清，18 岁以优异的成绩考入同济大学，5 年建筑专业毕业后，进入上海核工程研究设计院工作，在数十年的工作中，从一个设计师到设计部主任，先后完成了 100 多万平方米的建筑面积设计，打下了扎实的专业基础，积累了丰富的经验。2003 年10 月，一个偶然的机会闻悉新江湾城开发建设大项目，新江湾城规模宏大，规划起点高，建设要求高，包括规划、市政、水利、绿化、建筑五大范畴，专业的挑战性吸引了他，就这样，他被吸引而来，担任了城投新江湾城指挥部的总工程师，具体负责技术管理和工程实施。多年后，每当说起当时如何面对抉择的时候，葛清总会一脸憨厚地道来：其实，当时的心情是既兴奋又忐忑，兴奋的是有一个大项目能让自己实现平生抱负，忐忑的是实现这个项目将面临

2005 年 5 月 12 日，副市长杨雄为生态展示馆剪彩

巨大挑战。

同样出生于 70 年代的胡剑虹，作为一名学生党员，他以优异的学习成绩不断攀登专业高峰，成为了同济大学建筑与城市规划学院的一名博士后。毕业后，留校任副教授，丰富的专业知识和学术魅力，使他深受学校领导青睐和学生的爱戴。2004 年，他舍弃了高等学府安逸的工作环境，来到城投总公司，此前，他不是没有犹豫过，今天讲起这件事，他总是半开玩笑地说："当时，是给领导骗来的。"那么，究竟是什么让他下定决心、做出这个抉择的呢？他的回答是："想做事，想为城市建设做更多的事。"从讲台到工地，不是华丽转身，而是自我加压找苦吃，下定决心的他，白天和夜里抓紧时间熟悉房地产业务，全身心地投入到新江湾城的开发建设中，生态展示馆的项目，就是他和总师室的团队在新江湾城交出的第一份试卷。

《室内设计与装修》记者曾经采访了上海城投新江湾城建设指挥部负责技术工作的葛清和胡剑虹两人，并且以"一点突破"为题，刊出了他们之间的精彩"对话"——

"绿色生态港，国际智慧城"是上海新江湾城的整体定位，追求人与自然和谐相处，那么关于人与自然的关系有怎样的新思考？

葛：关于人与自然的关系，算得上是一个永恒的话题。从老庄到郭象，中国古代的自然观有着一条一脉相承却又起着变化的线路，这条线路或多或少、或明或暗地影响了我们的思维方法和行为模式。"外师造化，中得心源"，"虽由人做，宛自天开"，"方寸之间显气象万千"，这些语句，我们是耳熟能详的。然而，这大多讲究的是一种意境。常常是满怀这份心愿，却未必真有那么回事情。

上海新江湾城的建设理念是打造一个 21 世纪"生态型、知识型"的特大型居住城区。我们站在了一个新的历史背景下来重新审视自身的自然观。我们清醒地意识到：自然不只是属于一种精神的范畴，而是--个独立存在的客体；我们追求人与自然和谐共处，而不是总想着征服自然。我们尽可能按照自然生态规律及不同的客观条件采取相应的行之有效的办法，并落实到具体的行动当中。

本案的建筑及室内设计是有相当的特色的，能简要介绍一下整个设计过程吗？

葛：建筑方案落定是非常迅速的，经过深入的前期探讨，各方达成了共识。这种探讨是基于建筑所在场所进行，事先我们并没有提出所谓风格上的定位，只是想对自然、对生态的关系做一个清醒和恰如其分的表达。建筑师缪朴博士（注：缪朴博士师从同济大学冯纪中先生，后赴美国攻读博士学位，现为美国夏威夷大学建筑学院终身教授）敏锐地把握住了地域特征，设计是一气呵成的，几乎没有反复。对于有深厚功力的设计师，第一感觉往往是准确而且到位的。

认真的设计是成功的前提，建筑面积为 460 平方米的二层小楼，设计师画了 15 张 A1 的图纸，对于很多细节做了充分的交代，不只是"详见厂家"就行了，对最终的效果进行了强有力的控制。建筑本身的确有些复杂：地下室、清水混凝土墙、玻璃幕墙、二层四站对开门的电梯、暴露式电梯井道、形状多样的挑空空间、超常尺度的水下窗、悬挂式钢丝网片，还有相当数量和不同用途的其他钢结构，对于景观设计也做了相当明确的要求。

进行到建筑室内及展示设计时，新的问题又出现了：对于这样一种建筑，如何正确地理解建筑与室内布展的关系？如何避免出现各自为政，从而失去相互的和谐统一？这些问题一直贯穿始终。一开始，建筑设计对于布展的空间、方式、展品的尺寸及布局，室内所要达到的整体效果做了比较严格的规定，这是一个相对系统和原则的思考，进程当中，对布展的主题的确认，对布展方式的探索是艰苦的，几方人员经过了激烈的讨论，最终取得一致。真可谓小小展示馆，大大伤脑筋！在这里，业主起到了协调各方的作用，建筑师则继续发挥强有力的功能，结果是让人欣慰的，在正确运用相应的展示技术及措施的同时，与整个建筑、环境融为了一体。

在实施过程中，业主、设计师及营造商是怎样的一种关系？

葛：如何协调好几个方面的关系，保证最后的实施进度，的确是一个艰难的过程。这种艰难来自各方对项目本身的不同层面的认识以及不同的利益出发点，我们采用了类似于国外通行的建筑师负责制的做法，参战各方按照本身职责分工协作。施工过程是艰难的，有各种技术难点，也有因畏难情绪而经常试图绕路而行，还出现过一些因不能互相理解而试图修改设计意图的现象，建筑师最终起到了很强的控场作用。通过各方的共同努力，建设的意图基本得到了体现。应该说建筑师负责制的运用发挥良好的效果，但这种制度也要求建筑师本身具有极强的专业能力、敬业精神、良好的职业道德，以及科学的工作方法，否则事情就会变得更加复杂。

能总结一下自己的体会吗？

葛：取得进步的道路是曲折的，当然这是一个痛苦与欢乐交织的过程。运行半年来，参观者纷至沓来，总体反应是良好的。这表明我们所做的一些探索取得了一定的成效，也表明所采取的一些与以往不同的措施最终获得了大家的肯定。从建筑设计、展示设计到具体实施，凝聚了很多人的心血，除了真诚地道一声谢谢，更多的是一种共同攀登后的欣喜。在经历一场"战斗"后得到相互的理解和支持，得到了一种对事物的新认识，得到了一种有所创新的工作方式。

在理解人与自然的关系上，我们取得了一点突破！

在建筑与室内的关系上，我们取得了一点突破！

在甲乙双方的合作方式上，我们取得了一点突破！

前几天听了奥雷舍人关于CCTV大楼设计过程的演讲，最后，他以一条我们经常能看到的标语作为结束，当屏幕上打出"在发展中调整，在调整中发展"时，台上台下发出了一阵会意的笑声。"千里之行始于足下"，只要我们在实践中有着足够的耐心和认真务实的精神，就能通过很多一点点的突破取得长足的进步！毕竟我们还有差距，同样我们也充满着信心！

从刚才葛总的谈话中，可以体会到"经历也是一种财富"，不知您是否可以对项目中技术管理细节做一些补充？

胡：首先从新江湾城生态展示馆名称上要说明的是，我们建馆不是往收藏、研究方向发展，也不是要参观者记住多少物种名称，而是希望唤起人们对生态理念的关注，所以我们称其为展示馆而不是博物馆，这直接关系到布展内容的选择。

对于这种专业性很强的以生态为主题展馆在国内还是第一个，在布展单位选择上，是如何考虑的？

胡：对于展示设计这类具有一定艺术性和文化内涵的项目，我们看中的是设计单位的品牌，强调设计、制作一体化。所以，我们曾选择了室内装饰、会展、平面设计、生态景观和擅长生态题材的多媒体制作公司等五家不同专业背景的公司进行比选，把"优选整合优秀的专业资源，提供最先进的成果，学习先进的技术和管理方法，大胆应用先进的设计理念和技巧，在建设中体现我们的组织水平"作为我们的工作方针。

除了设计和制作单位的优化选择外，您觉得还有哪个环节是最重要的？

胡：还要依靠社会资源，特别是各方专家的独立的学术价值，他们使项目不断走向优化而不是简化，这里我们要特别感谢的是同济大学建筑系来增祥教授、艺术设计系殷正声教授、著名生态专家袁俊峰博士、上海科技馆研究院许永顺副院长和胡运骅工作室的专家们。

展示馆落成以来，接待了各级领导、专家和很多热心观众，从《人与自然》杂志到上海电视台《新闻透视》栏目等主流媒体都给予了报道和积极的评价吗？

胡：是的，但这要从当初编制设计任务书谈起。客观上，目前我们国内的展示设计水平和发达国家相比还是有差距的，但我们的展示馆要承载的功能很重要——传播生态知识，宣传生态住区理念，为上海建设生态城市做贡献。所以，在任务书中我们明确要求："要反映出上海对世界21世纪展示设计水平的理解。"这句话内涵深刻。可以说从目前各界反馈信息看，参观者在提出指导和建议的同时也给予了积极的评价。从专业角度讲，中国室内设计学会副会长、上海市人民政府建设中心专家组和 APIC 形象设计专家组成员同济大学来增祥教授指出："现在大部分项目还是在风格里转，你们是真正从生态理念来建设的，是值得称赞的，应该说是比较超脱的。"上海规划局副总工程师叶梅堂评价："领先 20 年。"2004 年的雅典奥运会开、闭幕式布展单位 JACKMORTON 的设计师也道："世界水平。"

6. 向外界宣示一个决心

新江湾城亮出了第一张生态"名片"。

几年建设的阶段性成果显示，"生态式居住"的规划思想在新江湾城的建设中大体得到落实，一个高度体现上海生态水平的新江湾城已初具规模。关于它的功能开发的争议早已停息，一些原先坚决反对建设新江湾城的专家也对此深感欣慰，由于他们当年的大声疾呼，上海做出了一个高水平的科学发展、科学建设的规划，使江湾奇异复归的自然生态在某种程度上得到保存。

新江湾城的建设者非常有心，我们把这场一度尖锐而广泛的矛盾冲突最后获得较完美解决的过程，精心地记录在大绿岛门口的那座"生态展示馆"中。这个有460平方米的展示馆，其实早在规划阶段就已列入建设计划。国内外三家著名设计机构分别承担了建筑设计、陈列内容、平面布置，用现代的理念和先进的科学技术，使展示馆的每个细节都透露出自然生态的气息：展示馆入口处地坪的玻化砖上，浮雕着各种昆虫的图案；楼梯的扶手上，缀满了各种立体的动物。它们既可供明眼人观赏，又可供盲人触摸、辨认，象征着所有人都得以亲近大自然。馆内的三面墙上，以图表、文字、多媒体展示着江湾城一带过去和现在拥有的动植物品种的形象及特性，另一面则用大玻璃窗隔出一块水下世界，形象地演示"江湾湿地"内水生动植物的历史演替全貌。

生态展示馆在内容上将生态关系与建筑流线有机结合，体现整

生态展示馆外景
（黄伟国　摄）

体性。主要生态流线为：植物—动物—植物与植物、动物与动物、植物与动物—生态效果、景观生态、人与自然的和谐。一楼主要展示生态源总体景观和演示内部实景，然后分别以仿真和重现的方式反映陆地、湿地和包括地下生命在内的生态景观组合，分别介绍江湾的主要物种；二楼通过植物、动物的标本和多媒体，展示植物之间、动物与植物之间的相互关系，并反映新江湾城生态建设的成就；三楼是生态源的眺望台，体验生态源的原生生态。

新江湾城是上海市第一个将生态文化原生地动态地保护和保存在其所属地社区和环境之中的大型生态居住区。建设新江湾城生态源和生态展示馆，有利于对生态进行恢复和保护，同时也为新江湾城打造成 21 世纪可持续发展的知识型、生态型花园城区和和谐社区创造了条件。

在这里，有一幅画，一幅十分有意义的画——

在通往生态展示馆的绿心岛，城投新江湾城的建设者很用心地设计搭建了一座生态建筑的小木屋，尽管大名为"生态研究室"，但大家还是异口同声地把它叫作"小木屋"。一走进"小木屋"，抬头就能看见一幅很有味道的油画《生态湿地》，这幅画是著名艺术大师陈逸飞生前未完成，后来由他的工作室成员共同完成的油画作品。大约在 2004 年，城投新江湾城建设指挥部总指挥孔庆伟还兼任中环线建设总指挥，中环五角场的"彩蛋"就是他请陈逸飞设计的，社会反响很好，眼下，孔庆伟也想请陈逸飞再为新江湾城画一幅画，留下一幅传世作品。陈逸飞也是一口答应了，但是，他一直没时间到现场来看一看、走一走。于是，新江湾城指挥部的同志就动了一个脑筋，叫指挥部摄影比较好的黄伟国去到生态湿地现场，多拍一些照片，送到陈逸飞手上，请陈逸飞根据照片的情景，构思一幅大作。随后，大家就静静地期待大作的问世。

但万万没有想到的是，大约半年之后，有一天，陈逸飞的弟弟陈逸鸣来到了城投新江湾城指挥部，指挥部的周浩接待了他，他十分悲痛地告诉大家，哥哥因病突然去世，江湾湿地这幅作品未能如愿完成。但后来，陈逸飞工作室成员按照要求，帮助一起完成了陈逸飞未了的心愿。那天，陈逸鸣带了制作好的光盘交给了指挥部领导周浩，经指挥部领导认可后，最终完成了这幅巨大的油画，挂在了"小木屋"的墙上……我总觉得，这不仅仅是一幅简单的画作，而是大师对生态环境的呵护。我在读何建明写的《浦东史诗》时，他表达自己的心情说，当看到大师遗作的那一刻，有些炫目，仿佛看到上海艺术之子陈逸飞先生的灵魂在他所热爱的土地游荡……我想，我也是。

其实，生态展示馆不仅仅只是生态展示馆。

通过这个生态馆，上海城投新江湾城开发建设者向外界宣示了这样一个决心：当代上海人，不仅要充分利用区域特有的珍贵自然资源，把新江湾城建设成上海居住区中自然生态最完整、最出色的一个项目，而且要大力弘扬尊重自然、追求生态和谐的理念，动员更多人一起来珍惜、保护我们身边的自然环境。同时，还要努力营造一种体验式的学习氛围，让今后入住新江湾城的所有人，特别是青少年，从认识乡土树木、野花野草、彩蝶鸣虫、鱼类鸟类等形象、习性入手，更多地了解野生动植物的生长规律，从小养成与其他物种及整个大自然和谐共处的现代文明习惯，永葆江湾的自然生态和宜居环境。

第二章　绘制新一轮科学规划蓝图

1. 记录曾经有过的种种思考

其实，关于新江湾城结构规划调整的思考，对于每一个新江湾城人来说，一直都没有停止过。

我也作出了自己的思考，写了《新江湾城结构规划的调整》一文，刊登在 2000 年 8 月号《住宅科技》上。同时也记录了当时作为开发单位向上海市有关部门提出的建议，市府办公厅综合处专门编发了一期情况专报，就是第 134 期的《新江湾城开发建设单位提出调整结构规划建议》——

新江湾城位于上海市东北部。与万里、春申、三林一起经上海市人民政府命名，是面向 21 世纪的东南西北四大示范居住区之一。其前身是空军江湾机场。早在 1996

新江湾用地规划图

年5月，上海市建委和空军后勤部分别代表市府和空军签订了《江湾机场原址部分土地使用权收回补偿协议》，根据协议，市府收回江湾机场原址中的6平方公里土地的使用权。新江湾城规划西起逸仙路、国权北路，北抵军工路，东靠闸殷路，南至政立路，与江湾五角场市级副中心相接。在上海中心城区土地资源十分宝贵的今天，竟存有一幅如此之大的还没有真正被开发利用的地块，这是十分值得珍惜的。

　　然而，新江湾城的开发现状是：本市收回江湾机场原址中的9000亩土地（相当于一个半黄浦区）后，成立了直属市建委的新江湾城开发公司和开发办公室，实行两块牌子一套班子运作，负责进行综合开发和管理。一年后，其行政隶属关系划归城投公司。新江湾城开发启动时，曾与印尼金光集团洽谈，前后历经一年并签订了合作意向，后受东南亚金融风暴影响，合作随之"流产"。三年多来，新江湾城开发公司基本编制完成了新江湾城9000亩土地范围内的市政基础设施、公交、人防、环保、交通等各类专业规划设计，投入约 1.5 亿元资金，重点在 A 区地块内实施前期市政基础工程建设；与动迁房公司联合开发 14.5 万平方米的首期住宅，并已对外销售。但从总体来看，开发进程、开发规模、开发效益与其初衷，及与其他示范区相比，差距甚远。

究其原结构规划的不合理性，是因为新江湾城原结构规划是 1995 年与部队洽谈收回土地使用权予以补偿一定费用的特定时期确定的，而随着形势的发展，不合理之处日益显现：

一是在 9000 亩土地的规划中，仓储、水厂、电厂和地铁备用地等约占 3000 亩，而从目前的市场看，水、电灯设施已呈饱和状态，在相当长一段时间内不需要重复建设。若按原规划建设，投资难以得到较好回报。

二是原规划道路网格过密，在 9000 亩土地的规划中，市政道路将占 1600 亩，使房产开发的土地成本较高，失去价格竞争优势，难以有效地进行滚动开发，从而延误开发进程。

三是原结构规划没有充分考虑新江湾城周边高校众多的地理优势，未与杨浦区建设"大学城"发展战略相呼应，因而较难实现良性互动。

我们认为，目前调整原结构规划可谓正当其时，条件具备。一方面，杨浦区着手新一轮城区规划，提出建设"大学城"思路，新江湾城地理位置重要，土地存量丰富，重新调整规划与其可相呼应，以求共同发展。另一方面，新江湾城附近连接市中心的地面道路、轨道交通业已规划并开始建设，重新调整原规划，使内外连接，有助于吸引人气，进一步加快开发步伐。此外，新江湾城开发公司也已积累了3年多实际运作经验。

因此，在市府办公厅综合处情况专报第134期中，我们提出了对新江湾城进行重新规划的设想：

> 充分发挥新江湾城作为本市城区范围最大的一块处女地作用，呼应杨浦区提出的建设"大学城"思路，努力依托其周边16所全日制大学的智力优势，按照城市发展中长期规划，坚持其示范居住区的定位，将其开发建设成适应高校园区和科技产业园区建设，以住宅为主，集商贸、金融、文化教育为一体，功能优化的区域，同时，又是一个市政配套齐全、公共福利先进、社区管理到位、最适合人居住和充满就业机会的区域。

在此情况专报中，我们同样也提出了对加快新江湾城开发建设的有关建议：

> 一是调整原结构规划，增加"科教"概念。建议由市规划部门及时研究，根据实际情况，取消水厂、电厂、仓储等设施建设规划，适当减少过密的道路建设，增加有关高等教育、高新技术等"概念"的园区建设规划。
> 二是引进轻轨 EE 线，联手拓建淞沪路。建议将杨浦

轨道交通 EE 线引进新江湾城，终点站由中原地区延伸至新江湾城；由杨浦区政府、部队和新江湾城公司三方联手实施淞沪路拓建工程，以改善五角场道路交通状况。

三是拓展融资渠道，吸纳社会资金。以现有土地存量作价，组建股份公司，广泛吸引社会投资主体，提高融资能力。利用当前利率较低的有利时机，通过政府贴息、投资公司运作的方式，扩大利用银行信贷资金和社会资金的规模，发挥政府投资的放大效应。同时，继续积极、有效地利用外资。

当然，从新一轮开发的角度来看，这个调整结构规划的建议还不够全面，但这毕竟是历史脉络中的一个记录，而且是一个有着前瞻的思索。

淞沪路摊铺场景

2."水为骨、地放'荒'"的图景描绘

新江湾城启动了高起点的规划工作——

2001 年 9 月至 2002 年 1 月，新江湾城牵头组织开展了结构规划国际方案征集，在对美国、澳大利亚、德国和意大利四家设计事务所的结构规划设计方案评审后，由市规划院在美国 Johnson Phain 公司方案的基础上博采众长，对用地结构进行了优化调整，最终形成《新江湾城结构规划（2002.4）》，2002 年 7 月 15 日获得批复。

该结构规划批复内容是 2004 年大包干协议的依据。

世博后，我们又对新江湾城规划向功能更加综合性的角度进行了深化调整，将世博体现的低碳、知识、以人为本和国际化理念引入新江湾城的进一步开发中，进一步强调资源、人和管理作为规划要素的重要性，强调功能、强化社区、倡导低碳，进一步推动了社区在社会、经济、环境三方面的协调发展。与此相对应，新江湾城提出以人文型为特色打造"国际化"社区、以知识型为特色打造"智能化"社区、以低碳型为特色打造"生态化"社区，新江湾城的"三化"发展目标纳入杨浦区"十二五"规划重点内容。

新江湾城规划的先进性是这样得以体现的：

在规划策略上，用地分配体现先进理念；系统铺垫体现优质品质；形态控制体现多元风貌。

在用地分配上，确立了新江湾城南部现代商业商务功能区，西北部科教育产业集聚区，以及中间国际化品质生活区的三大空间功能布局。对北部与宝山相连的部分创新规划"留白"，允许多功能混合用地，确保未来可持续发展弹性空间，满足知识经济下新兴产

业多功能用地需求。功能布局中，居住空间置于公园周围，最大程度发挥生态效用，体现生态型花园城区特点；商务空间连通五角场城市副中心，形成边界耦合，提升百姓生活的舒适性和可达性；依托复旦大学新江湾校区的知识空间与绿化、公建等公共空间紧密结合，激发思想的交流碰撞，形成知识型社区氛围，实现知识溢出效应。

在布局特色上，形成"双心、四区、多轴、多点"的布局结构。"双心"，即江湾—五角场城市副中心和新江湾地区中心。"四区"，即以淞沪路和殷行路为界限划分的三个居住片区，以及以复旦大学新校区展开的教育科研片区。"多轴"，即以淞沪路为轴线，分别沿殷行路、殷高路向外展开的主要对外交通主轴，构成城区主要交通体系骨架；新江湾城东面和西面沿规划河道的两条主要生态绿化景观轴，构成城区生态"绿壳"，通过景观廊道向各片区内部渗透，形成生态绿化景观网络。"多点"，即若干邻里中心，布局于居住区

邻里中心

内主要道路的沿线。

在生态系统上，构建生态居住区建设的指标性框架，借鉴国内外绿色住区建设标准，通过设立空间上连续的自然保护区、水体覆盖率不低于上海平均水平、保留足够的不同类型的自然景观、建设贯通小区的各种生境的生态连廊等，对生态原貌进行充分保护及科学重构，为社区打造人与自然和谐共生的居住环境。

"以道路为骨架，人工绿化和小区为环境"，这是现代城市住宅区的传统做法。2003 年 1 月 16 日，刚刚获得批准的《新江湾城居住区控制性详细规划》则颠覆了这一概念。参与制定这一规划的相关专家表示："这是一个水绕四门的野生动植物乐园。"最大的热点，一是水为骨，二是地放"荒"，在 9.45 平方公里的规划区域内，水域和绿地将近 3 平方公里。

2005 年 6 月，在由中国城市规划学会、中国风景园林学会，以及中国建筑学会联合举办的第五届全国人居经典规划设计方案竞赛评选中，新江湾城控制性详细规划获得 2005 年"全国人居经典住区规划特别金奖"。

新江湾城以水系为骨架，就是由与黄浦江和整个中心城水系相通的水网来划分居住区域。其北部规划一个面积 1 平方公里、直通黄浦江的人工湖，从这个湖出发，一条条模拟自然河流曲折河道的水系，形成内环、外环，环环之间又有河道相连，而所有的河道又与散布于整个区域的 9 个湖，构成完整的体系。

小区就以河道自然划分，形成每个建筑四面环水的格局。整个区域内水面要占到 8.7%，这在上海成片住宅规划中也是首屈一指的，而且这些河道、湖群中很大一部分就是自然形成的。据规划，它们的自然驳岸以及岸边植物群落都将维持现状。

与"自然河流"的诱人概念相比，"地放'荒'"的提法更让关心新江湾城的环保人士感到满意。最被人津津乐道的是，原江湾机场的弹药库、飞机跑道等生物多样性最集中的区域，都被列为完整保留区，将原封不动地保留下来——就让其"荒"在那里，保持原有的野生动植物群落，不进行任何人为介入。

而且，规划区域的东西两侧都有放荒的土地，尤其是东边的一条宽约十米的护城河，两侧100多米宽的地块都将放荒。参与制定这一规划的相关专家表示："这里面没有任何人造建筑，原则上也不种植人工植物，而是让生物自然入侵，形成一条生态走廊。"

这样做是因为新江湾城的前身是停飞的军用机场，近十年的人为因素退出已经使这里形成了野趣横生的原始生态，这正是新江湾城区别于其他生态小区的地方。而开发必然会影响生物生存的环境，从理论上讲，只有保持环境的连续性，才能形成自然食物链，维持原有的生物多样性。这样，就有必要让一大片的土地"荒"着。

一系列图景的描绘是可以让人身临其境的。

图景之一：桥梁最多的住宅区，人工湖上建游艇码头。

尽管游艇码头已经被提到过多次，可真正落实到一个地块的规划图上却还是第一次：新江湾城靠近军工路的地方，将开挖一个面积达1平方公里的人工湖，从这里的游艇码头出发，可以到达"东方水都"的任何一个角落，也可进入小区内环。

在美国公司中标方案里，这个游艇码头本来是半圆形的，驳岸也是水泥的，"硬度"很大，而实际上，这个码头是一个不规则的半圆形，像一滴水向各个方向散开，而这里的驳岸将有一部分是缓坡、草地，看起来更像乡村里自然形成的码头。

与码头相对应，城区里众多的河网也大多是自然状态，它的驳岸根据具体需要也被设计成湿地、缓坡、亲水平台、台阶以及水泥驳岸等多种形式。水网则由环绕整个区域的外环和有通航功能的内环两大体系以及支路组成，与黄浦江和中心城水网相通，经过科学设计，河道中的水可利用黄浦江潮汐自动换水。为了防止外水域水质恶化时影响到这片水域，这里主要河道上建有调水水闸，一旦发生污染，可以将这里与外界隔离。

此外，也正因为水网纵横，新江湾城将成为桥梁最多的住宅区域。

图景之二：鼓励居民多步行和骑自行车，小区道路多是弯弯的。

第一眼看到新江湾城的规划示意图时，有可能会产生这样的错觉：这是一张由规划师随手画的草图。不仅河道是弯的，连道路也是弯的。大家有所不知的是，道路之所以弯曲细小，目的就是限制机动车通行，鼓励居民多步行和多骑自行车，为的是保护生态、促进健康。

专家认为，要达到限制机动车的目的，首先要满足人们出行的需要。按照当时的规划，新江湾城区域内有两条轨道交通：一条是直达人民广场的轨道交通 8 号线；另一条是通往浦东的 M1 线（后来的 10 号线）。再加上公交站点，居民市域内的出行完全可以通过公共交通解决。那么，在新江湾城区域，交通如何组织呢？专家介绍说，这里提出了一个国内最新观念——小区公共交通。小区内的交通需要解决的是如何将居民从家门口送到相关枢纽站，这也在考虑范围之内：新江湾城里将开小区环线，而且，小区内设有专门的自行车道，保证居民骑自行车不与步行的人群以及玩耍的孩童发生冲突。

图景之三：开放的区域任人进出，水网、"荒地"管理留悬念。

水绕四门，儿童安全吗？家门口就是"荒郊"，会不会垃圾遍地？这些担忧并不多余。有关专家也承认，新江湾城的最新理念给申城的物业管理提出了新的课题。尽管这还是一个悬而未决的后续问题，不过，终究也会有一条解决问题的途径。

譬如，新江湾城东部的生态走廊已经确定为公共区域，不仅是小区居民，其他人也可以自由进出，从这一角度看，这里应该按公园管理。可是，现有的公园管理必须剪剪草坪、修修树冠，而这里的绿地要让植物自然生长，剪草坪、修树冠是对它的破坏，那么，管理者到底应该管什么呢？

譬如，新江湾城里的水域多了，亲水的要求能够满足了，但儿童发生意外怎么办？如果把河道用隔离设施圈起来，这就违反了初衷；即使派人管理，也难免有疏漏的时候。那么，有没有万全之策呢？

2005 年 12 月，被列为"上海市建设重大科研项目"的"新江湾城生态保护与建设规划"课题，在市建委科研项目成果鉴定会上，经权威专家评审，鉴定为"达到国际先进水平"。

3. 先睹为快之后的极目远望

《新江湾城居住区控制性详细规划》，从 1994 年算起，已经是三易其稿了。

对于刚刚获批的新江湾城新的总体规划，都想先睹为快，包括获知其中披露的数据：新规划的用地结构在注重保护和利用地区自然生态环境的基础上，以网络状水系和绿化系统为骨架组织城市用地布局，其中居住用地约 3.66 平方公里，公建用地约 0.19 平方公里，教育用地约 0.41 平方公里，道路用地约 1.13 平方公里，公共绿地面积约 1.89 平方公里，水域面积约 0.77 平方公里。

区域内主干道有军工路、殷高路、闸殷路，次干道有殷行路、淞沪路、国江路、江湾城路，支路有千山路、国伟路等。

区域内住宅类型包括单体别墅、联排别墅、多层住宅，以及小高层住宅，以东面生态走廊为起点，按照由西向东排列，最高住宅控制在 40 米以下，总建筑面积约 235 万平方米。

区域东北角有一块大学园区，复旦大学新校区将要在这里落户；东南角为公共区域，娱乐、商务功能将集中在这里，同时，这里也是江湾—五角场城市副中心的一个组成部分。

一份完整的"规划书"之外，必定有一份完整的"项目说明书"。

在《新江湾城项目说明书》中，详细地记载着江湾开发必须严格遵循的几项重要指标，以及开发完成后将呈现的生态系统、水系循环系统、景观架构系统，等等。这是一个活水环绕的大型居住区：疏浚原有护场河的水系，与原有的河道连通，再从黄浦江引进活水，滋养全区水系。区内不仅保留了原有大部分湖泊，还要依势开挖约 10 万平方米的人工湖；同时，这又是一个绿化率全市最高的大型居住区：总绿化面积占全地块的 50% 以上，人均拥有 30 平方米公共绿地；人口密度和建筑密度最低，总面积约 10 平方公里的土地，今后的居住人口是 10 万人，平均每平方公里只有 1 万人；等等。由此可以肯定，如果严格按照这一规划建设，新江湾城完全能够成为一个绿色生态的田园都市。

"自然的就是人性的"，经过了"人定胜天"、以人造环境取代自然环境的过程，新江湾城亲水、顺天的新概念正好代表了当今城市发展的方向。

当然，好的规划一定要有好的建设。那么，新江湾城建设的进程，又能在多大程度上体现出这个规划的生态理念与具体指标呢？

2003 年秋天，按照这个充溢生态理念的新总体规划，经验丰富、实力雄厚，曾为上海近年来城市绿化作出巨大贡献的上海园林集团公司，先期组织精兵强将进驻江湾机场，开始了基础性的自然保护和修复工程，致力于完善与优化生态景观，为整个地块的生态性居住区开发拉开了序幕。

4. 从区域、城市、国际三个层面思考

面对成片土地开发周期长、资金投入大、系统涉及面广、组织实施难度大的实际困境，上海城投新江湾城开发指挥部在城投总公司的领导下，根据市府领导的要求，积极探索实践，充分发挥了平台功能，边探索边实践边总结，创新性地提出了一整套符合科学发展理念的系统解决方案：一是机制上充分展现以"统一规划、社会协同"为特征的统筹作用；二是体制上充分发挥以"政府主导、城投负责、市场运作"为特征的三位一体协作效应；三是规划上充分

体现以"功能合理布局、资源均衡配置"为特征的土地综合利用效益；四是开发上创新以"先地下后地上、先配套后居住、先环境后建筑"为特征的新型熟地开发模式；五是实施上全面凸显"规划为先、策划为要、计划为纲、文化为魂"为特征的工作策略。以此破解由于缺乏主导和统筹而造成城市总体形态不协调、功能割裂、开发时序不匹配、资源无法得到集约利用，发挥最大效益等问题。

在谋划新一轮的开发建设中，发展的定位尤为重要，上海城投新江湾城的建设者，与市有关部门一起，决心书写好这篇大文章。新江湾城的建设者在城投总公司、新江湾城建设指挥部的领导下，开始了高起点的谋划，在更高的战略平台上提升工作能力。

站高望远，我们从区域、城市、国际三个层面思考和把握了新江湾城的发展定位和时代机遇：

一是区域层面。把握新江湾城与杨浦区从传统工业向知识经济转型的机遇，先行先试打造杨浦区产业结构转型的延伸发展空间。杨浦百年工业区优势进入发展的转型期，知识杨浦的打造和产业结构调整要求新江湾城成为重要的功能承载区。同时，杨浦区作为国家创新型试点城区，为新江湾城各项创新方案的实施提供了先行先试的可能。

二是城市层面。把握新江湾城与上海四个中心建设背景下城市功能布局的关系和机遇，成为黄浦江北部发展战略的重要节点。在上海 80 年代基本确立虹桥经济开发区为浦西发展主轴，90 年代浦东开发作为东西向主轴后，21 世纪初，上海沿黄浦江南北展开了综合开发，进入浦东、浦西共同繁荣阶段。新江湾城作为上海城市发展主轴的最北端，承担了通过空间功能和形态的打造，优化上海的城市结构的重要责任，是黄浦江两岸开发时代可利用的巨大资源。

三是国际层面。把握新江湾城与经济全球化和生态文明建设的关系和机遇，形成全球城市网络节点的发展标杆。传统城市向"人与自然和谐"绿色发展转型，推动社会、经济、生态三者平衡发展，已经成为城市可持续发展的必然趋势。现代化城市除了要拥有世界一流的基础设施和综合服务网络体系，以及对外交流广泛便捷等条件外，还必须构建良好的城市生态环境。新江湾城丰富的生态资源和未开发的初始状态，使其可以在已有国际城市的经验下进行规划升级和启动建设，从生态文明建设角度，在更高的发展起点上，为上海城市发展提供示范案例。

5. 把握文化、生态、智力和经济资源

从新江湾城丰富的文化、生态、智力和经济资源方面，我们也进行了系统的思考梳理和分析，并以此作为后续工作的基底。

历史文化资源：江湾之名在《宋史》中已出现，历史源远流长。因地理位置特殊，历代均视为战略要地；在旧国民政府时期成为"大上海计划"中的市中心；后成为上海11个历史风貌保护区之一，具有深厚的历史文化底蕴。

生态环境资源：新江湾城曾是军用机场，长期未遭受人为干扰，形成了生物多样性高且极具地域特色的自然生态环境类型，具有重要的生态价值。怀着对历史和自然的尊重，开发前，在充分的生态本底调研基础上，我们与市科委、市风景园林协会进行了"新江湾城生态规划与实践""新江湾城生态保育与恢复"等课题研究，并在

复旦大学江湾校区（冯忆燕　摄）

此基础上进行了后续开发的生态集约利用和生态恢复。

人文智力资源：杨浦区科教人才资源丰富，新江湾城周边坐落着复旦、同济、上海财大、二军大等 10 余所高校，复旦大学更是率先将新校区迁入了新江湾城。随着上海市"大众创业、万众创新"的推进，杨浦区"国家创新型试点城区""全国双创示范基地"和"上海科技创新中心重要承载区"的三大目标也将进一步助力区域转型发展和人才引进。

产业经济资源：上海作为全球金融中心之一，拥有较为成熟的资本运作经验和全球化的经济发展资源，可以为区域经济形成可持续发展生态圈。同时，新江湾城连接上海四大城市副中心之一、十大商业中心之一的江湾五角场，并受周边复旦、同济大学知识产业经济圈影响，可以形成并产生有效的经济集聚和辐射效应，成为上海城区东北部的科创产业集聚区。

第三章　打造最有亮点的市政建设工程

在"21世纪知识型、生态型花园城区"目标基础上，我们策划形成了"绿色生态港、国际智慧城"的规划目标，其中，"绿色生态港"代表新江湾城的生态开发实践，除了表明我们在环境资源上的优势、生态规划上的理念、环保技术上的应用外，更体现了城区非高强度开发的生态宜居性；"国际智慧城"代表新江湾城是具有智慧经济时代特征的、具有全球化产业要素配置的国际化城区，表明这里将建成"知识汇聚的人才之城、科创涌现的智慧之城、海纳百川的国际之城"。

1. 连通公共资源服务渠道

新江湾城开始了高标准的城区市政建设。

2003年8月1日，由上海城投新江湾城工程建设指挥部和空军上海房地产管理分局联建的新江湾城淞沪路北端（三门路—军工路）举行了开工典礼，这标志着新江湾城开发建设的全面启动。

规划突破了传统的"七通一平"，保留并结合新江湾城生态资源风貌的特征，形成了生态型的基础设施系统，落实了水系、供水、排水、电力、煤气、环卫、交通、信息等八大基础设施系统建设。

同时，以景观项目先行，体现生态开发理念。

2004年2月28日，上海市主要领导率领市委、市府、市人大、市政协四套班子成员及市级机关干部百余人，一早来到新江湾城，在景观绿化一期工程生态走廊，开展全民义务植树劳动，从而拉开了新江湾城生态环境建设的序幕，紧接着，新江湾城景观河道工程、排水河道工程、新江湾城公共绿地一期工程、新江湾城公园建设等陆续开工了。

2004年初，新江湾城清水河排水泵闸开工，该工程为新江湾城水系整治工程的组成部分，由流量为每秒30立方米泵站和净宽8米的节制闸组成，闸门采用了较先进的卧倒门形式，该工程建成以后，将极大提高新江湾城及宝山、杨浦等相关地区防汛排涝的能力，改善区域水环境。

景观工程是2005年工程的亮点，全年完成公共景观绿化41.5万平方米，生态源改造100亩，其中新江湾城公园、生态走廊一期、文化中心、体育中心种植绿化共25.23万平方米，淞沪路和殷行路等道路周边绿化16.2万平方米。如今，从淞沪路进去城区，一路上可以看见挺拔高大的乔木、郁郁葱葱的常青树，把这座新城点缀得分外妖娆。为了这条路，城投新江湾城指挥部的建设者们倾注

文化中心大树种植

集体智慧和汗水，尤其是工程一线的建设者，他们知道搞好该路段的绿化，其意义不仅在于美化城区环境，更重要的是为城区装扮了一扇靓丽的展示"窗口"。在这段道路的绿化景观工程实施中，工程部依靠专家，整合资源，并进行工作创新，实行设计、施工一体化招投标，减少中间环节，提高了工效，绿化质量也有了确切保障。他们还组织了三个标段，开展工作标段竞赛，通过实行苗木质量竞赛、工期竞赛等手段，比出了质量，提前了工期，取得了较好效果。如在引进一种叫杜英的常绿树苗时，施工单位决定向苗木最优单位进货，从而确保了苗木的质量。

　　经过努力建设，把规划变成现实，初步达成了居住空间、公共空间、生态环境三者的和谐统一，构建了生态、景观、水系、交通、基础设施、公建配套等六大系统。生态资源均较好地渗透各功能空间中，充分体现了生态资源集约共享。新江湾城以先进科学的规划理念获得全国人居经典建筑规划设计方案住区规划特别金奖、中国节能贡献奖;"新江湾城生态保护与建设规划研究"课题获上海市科学进步二等奖。

2. 市政配套工程是"开路先锋"

市政配套工程是"开路先锋"。

新江湾城项目工程部和上海建设工程管理公司、城建集团市政一公司等密切配合,一方面加速工程进度,一方面主动做好分外事,经过努力,先后完成市政道路 13 条 19 公里,架设桥梁 17 座,完成桥梁上部结构装饰 15 座,城区市政路桥网络全线贯通;建成 22 万伏、11 万伏电站并投入使用;完成市政道路管线配套工作,路灯、信号灯、交通标牌标线全部完成,为其他项目施工做了铺垫、开了路。2003 年,新江湾城参加了争创市政建设金奖的活动,三个标段都达标,其中有一个标段被评为市文明工地,两个标段被评为局级文明工地。在 2005 年上海市绿化评比中,淞沪路绿化工程还被园林专家们称为"上海第一路",为新江湾城品牌添了彩。

2004 年 2 月,千山路(殷行路以北段)的车行道沥青摊铺、人行道铺装及非机动车道彩色沥青混凝土路面铺摊完工,此条道路也是新江湾城内全面完工的首条市政道路。

2004 年 8 月,新江湾城道路命名方案确定。经复旦大学、上海师大、上海社科院及市地名管理办公室、市规划局等专家多轮讨论,新江湾城内 24 条道路命名基本确定以传统型为基准、结合生态型和科技型的方案。方案特点是:南北向道路以"国"开头,东西

推进新一轮新江湾城信息化建设，与中国移动签订战略合作协议

向道路以"政"开头，后缀则体现每条路所处的区位。

新江湾城的市政建设别有特色，比方说人行系统的规划及实施中人行道路结合了城区内部的河流、湖泊进行布置，以使居住人群在步行过程中能充分欣赏新江湾城的生态景观，而人行过街将在不同路段使用不同的过街形式以确保人的安全，并保证道路畅通。再比如说人性化的城区道路，从道路横断面优化处理来说，在满足交通功能条件下，缩小车道空间，增加道路绿带面积，使它更符合生态主题，并充分实行人车分流，把非机动车和机动车分置于两个不同平面，以绿带隔开。非机动车道与人行道置于一个空间，引入小区水系，中间布置高大乔木间隔，配以休闲椅、电话亭、小型街头雕塑等，间隔一定距离可布置小型自行车停靠站，展示一幅舒适、休闲、融洽、趣味的居住环境。

另外，这里的人行道路铺地也别有特色，与周边环境相协调，在互相衬托中带动整体环境质量的提升，在道路景观设计及实施方面也做了创新，将人行道路所处的绿化区域中的铺地分为三个层次，第一层选用色调亮丽的深红色系，让这份浓郁的色彩来冲淡环境的肃静，同时通过对比，会发现环境中的绿意更为深重，呼吸也更为清新，以烘托满目绿色；第二层选用红黄相间色系，以呼应浅黄色调的周边树木环境；第三层金秋观赏区选用灰色衬托金黄与鲜红的缤纷，自然生态区选用橙黄色系以与常绿绿化环境相协调。这些市政道路都由市政设计院、市政研究院、上海勘察设计院等国内一流设计院充分吸收国内外先进技术和先进理念后设计与实施，使新江湾城成了名副其实的花园式生态居住城。

这里的每一条道路都令人难忘，让人都有一种想多走一步、多看一眼的感觉。

3. 形成"三纵七横"网络状水系

新江湾城，注定是一座水系的城区。

原江湾机场河道就呈环绕分布，另有一些零星水面，为水系新江湾城建设提供了先决条件。《新江湾城水系专业规划》设想在新江湾城布置"三纵七横"共10条生态景观河道，形成水面率达8.7%、景观河道区域约80万平方米的网络状水系。

在高标准的基础设施建设中，新江湾城河道水系工程始终是一个亮点。而要谈新江湾城河道水系工程，必须要让罗炯宁来谈，他是新江湾城内的水务"权威"。他的开场白就是四个字：顺势而为。尽管非水利科班出身，但他好学善思，在水务建设专家的带领下，

新江湾城
水系建设中

他清醒地认识到生态型河道的建设特点：一是要在河道整治中，恢复原有区域的结构形态与自然特征，改善水质，为原有生物特别是水生生物营造生态环境，增加水体自净力；二是要扩大水面面积，与岸边绿地、树林之间形成网络，增强动植物栖息地的连续性，使地下水得到涵养，成为一个环状的水循环系统；三是要保持其自然形态，切忌将河道设计成单纯通水的渠道；四是要采取合理的水资源调度措施，对景观河道适时补充水量，使水系的水体"活"起来。随后，他就以过硬的专业技术、严谨的工作态度，操持了新江湾城内的水务"大局"，将新江湾城水系分成了景观河道与排水河道两部分。区域内纵横的内河网、湖区、水溪为景观河道，与沿岸河坡形成水系内循环系统。河道沿岸修筑软质植草斜坡或可种植植物的新型护坡，既美化了环境，也起到了河水与地下水的调蓄作用。而外部的清水河为防汛排水河道，通过泵闸，以防汛排涝为主的形式与黄浦江等天然河道连通，形成水系外循环系统，并共同形成了兼顾景观、生态和防汛的新江湾城水系网络。

在新江湾城河道水系工程建设中，也不时会有一个个小插曲：

譬如在实施河道开挖中挖到炸弹，小的如迫击炮炮弹，大的如航空炮弹，这时，不管是白天还是夜里，都必须打电话给公安爆炸物处置中心，因为这些大小炮弹都具备杀伤功能；譬如会遇见前来游泳的少年，安全起见，需要对其进行劝阻，对于不听劝的孩子，还要强制带离；譬如河道坍坡，就要随时抢险，在罗炯宁的记忆里，连夜奋战的日子里总是一身水、一身泥……

2005 年 6 月，新江湾城河道水系工程（殷行路南块）通过了上海水利质监站的初步验收，标志着新江湾城景观河道水系基本成形。新江湾城河道水系工程（殷行路南块）是新江湾城景观河道水系的重要组成部分，河道长度约为 4.1 公里，水面积约 11 万平方米，河道蜿蜒曲折，护坡主要采用 1:3 的自然放坡形式，局部采用了绿色混凝土和仿木混凝土结构，凸显生态河道理念。该工程与殷行路北块工程构成了新江湾城景观河道主体骨架，并与之形成新江湾环状水系，使新江湾城景观水系具备了环流条件，体现"流水不腐"的设计理念，为打造生态的新江湾城奠定了基础。

新江湾城景观河道补水工程是新江湾城河道水系工程中的一个组成部分。新江湾城的景观河道是生态型河道，水质的好坏直接关系整个城区的生态环境，2005 年夏季，持续高温，整个水体蒸发和损失量大，各种微生物活跃，水质受到影响。补水工程的建成解决了这一问题。一汪清水江上来，随着 3 万立方米的黄浦江原水通过改造后的老清水河缓缓流入新江湾城景观河道，补量调蓄，水线随即上升到设计的 2.8 米常水位，标志着新建成的新江湾城景观河道补水工程开始发挥其补水、换水、调水的作用。

2017 年 4 月 27 日上午，上海的天气格外晴朗，新江湾城启动

"用心发现，用爱行动——关爱母亲河 2017 公益健行一起走"活动，200 多名身穿白色 T 恤的志愿者从新江湾城政悦路的一处绿地出发，沿着绿色环绕的水系河道，以健行的方式，向公众传递"身体力行、从我做起"的环保理念。

水环境是最重要的发展基础之一、是检验城市管理水平的关键之一。这次公益健行活动的举办地新江湾城，而新江湾城水系是新江湾城建设的灵魂——既是水景观，又具有防洪排涝的功能。其时，新江湾城已建成经一河、经二河、经三河、纬二河、纬三河、纬五河、纬六河等 7 条河道和中央公园湖泊，保留原清水河，河道总长约 11.92 公里，水域总面积约 39.96 万平方米。由于新江湾城水系"先天条件"非常不错，杨浦人对于这一地区的水资源保护更加不敢懈怠，为扎实贯彻上海市政府、杨浦区政府关于落实河湖管理与保护相关工作要求，新江湾城街道在各相关部门的支持下，从 2017 年起做了三方面的"清"工作：首先是"河道清"，就是对辖区河道区域情况进行了详细排查，切实推进河道治理工作。其次是"设施清"，就是保持河道周边的标识和设施完好。第三个就是"水质清"，为进一步保证新江湾城水系水质达标，重点是通过引排水和水生植物种植，不断改善水质。

新江湾城河道水系工程是一个系统工程，不可能一蹴而就。

直至 2018 年 7 月 13 日，解放网还在持续地报道新江湾城绿河新建暨纬一河、纬二河河道贯通工程：

> 昨天下午，记者站在民府路桥上看到，两台绑着大红花的挖掘机正在开挖浅褐色的土地。这里就是绿河河道的

施工现场。根据附近墙上张贴的施工平面图，记者获悉，规划的绿河河道为南北向，南、北分别与东西向的纬一河、纬二河相连。纬一河、纬二河西段河道已于2016年建成，与西面的经一河连通。本次工程将同步对纬一河、纬二河东段河道进行开挖，形成纵横四河回路贯通水域。

随后，记者沿着淞沪路向北走去，看到西北侧靠近清源环三路、政芳路的纬三河荡漾着碧波，河岸北边是高档小区……这条河去年秋天开建，今年4月刚刚完工通水，长约434米。纬三河水位控制在2.7米的"最美状态"，水质也是以达到Ⅳ类以上为目标，河道两岸将种植绿化1.62万平方米，高处的香樟、中部的红叶石楠球、下部的草坪、水下种植带的水生植物，形成错落有致的滨水公共生态绿廊，为周边居民提供一个健身休闲的好去处。

整个水系中，南北向的经一河、经二河、经三河称为"三纵"，东西向的纬一河、纬二河、纬三河、纬四河、纬五河、纬六河、纬七河称为"七横"。除规划中的纬七河横跨杨浦、宝山两区外，其他河道均在杨浦区范围内。

杨浦区新江湾城综合市政管理所书记李钢告诉记者，"三纵七横"水系的河道全部完工、贯通后，将形成新江湾城地区的生态水网，既是江湾湿地的生态景观，又有行洪排涝功能。新江湾城地区的水系虽然与老城区水系一样，连通黄浦江，但它自成体系。老城区一般是收集雨水，进入泵站，再排入河道，新江湾城地区则是收集雨水，由市政道路直接排入河道，且水质相对清澈。

4. 精心呵护"城市绿肺"

新江湾城是水质最好的上海中心城区之一，这得益于新江湾城生态维护得非常好。

有人说，在《上海市城市总体规划（2016—2040)(草案)》中提到上海将建设成为"卓越的全球城市"，所提及的三个要素就是建成"令人向往的创新之城、人文之城、生态之城"，而新江湾城可能已经提前达到了"生态之城"。

由于新江湾城范围内林灌、森林、湿地等串起了接近原生态的环境，辖区内有着丰富的原生态动植物资源，因此，为有效保护辖区生态的多样性，新江湾城开发指挥部从开发建设伊始，都在尽可能地保持原生态的自然元素，这在中心城区是绝无仅有的。据悉，新江湾城内生态走廊绿地面积为26.08公顷，分布着300余种上海常见的植物种类。而为了新江湾城大开发，新江湾城开发公司早在2002年9月就投资绿化工程，开工建设了临时苗圃，在186亩湿地内种植了1万多棵苗木，进行苗木储备。从2008年移交至杨浦区养管后，又邀请胡运骅等专家，秉承生态走廊设计理念，探索了一套生态养护管理标准，始终将"自然、野趣、简洁、丰富"的理念贯彻在养护的每一个细节当中，不断提升生态养护的水平。

新江湾城街道办事处主任李铭在接受《新民周刊》专访时曾说："我们一个关键词是'绿色'。例如，新江湾城公园也是我们的亮点，就是居民家门口的公园。"他说，"大家都能免费入园，成为市民休闲、娱乐、运动的好去处。"

为了维护新江湾城的生态，园林绿化建设、改造及养护等，相关经费也都纳入各级年度财政预算。例如，2015 年至 2016 年，街道、综合市政所出资 200 万元对新江湾城公园配电、围栏及便民设施等进行全面改造和提升；新江湾城街道自 2012 年以来，在绿化行政管理、生态保护和品质提升等方面每年投入约 100 万元；新江湾城综合市政所坚持绿化建设与日常精细化管理同步推进，资金投入也逐年增加。

"我们还有一个关键词是'环保'。"李铭介绍，新江湾城街道与巴士一汽合作，社区内的穿梭巴士全是绿色能源车。杨浦区建管委也在新江湾城设立了很多绿色智能充电桩，吸引更多人使用绿色环保的车，以此来更好维护社区内的生态环境。

"最后一个关键词是'自然'。"在新江湾城生态走廊、生态保育区等 8 处较为集中的公共绿地（共 38 万平方米），一律实行"枝叶

新江湾城水系开挖

归土"，通过人为的土壤表层梳理，让落叶回归土壤，变为土壤中的有机质，结合有机施肥，提高土壤质量，广泛推进雨水、河水灌溉，树枝覆盖，透气性铺装。

"我们这里的生态走廊野草长出来不修剪，害虫出来不打药，野果成熟了可以吃……"新江湾城街道内的生态走廊绿地也成为上海首块试点综合生态养护的公共绿地。而且，借助综合生态养护等特色，新江湾城街道2016年拿下全市第三块"上海市园林街镇"牌子，也是上海中心城区唯一获得这一殊荣的街道。这是对新江湾城生态化社区建设的最好注解，也是对社区长期以来致力于生态化建设的充分肯定。

如果由北往南，沿着政悦路、闸殷路绵延2.7公里的新江湾城生态走廊绿地漫步，不少乔木和地被植物并不像其他公共绿地里见到的那般"规矩"，而是充满野趣。减少对植物生长的干预，是一种生态养护。据悉，新江湾城生态走廊内的"高""中""低"三层植物都坚持了这一原则。比如低层的野草，除了加拿大一枝黄花、豚草、菟丝子等需要严控的高风险品种，对于有把握的野草品种，养护方始终坚持"无为而治"。

良好的生态环境，会吸引一些"不速之客"，对付它们，新江湾城生态走廊内很少用农药，而是采用在上海中心城区公共绿地内罕见的无公害生物防治技术。比如防治天牛，生态走廊早在3年前就选取了20株树木试点，让花绒寄甲幼虫寄生在天牛幼虫体内，在天牛变成成虫之前就消灭它。结果显示，20株树木原本有约100个天牛孔洞，投放花绒寄甲后，锐减到10个左右。这项技术已在整个生态走廊推广。

在新江湾城人多年的共同呵护下，新江湾城不负众望地成为名副其实的"城市绿肺"。

第四章　推出最有品质的公建配套设施

1. 提升公共资源服务品质

依托良好的生态环境作为"底板"，我们再接再厉，在公建配套上下功夫，提升新江湾城整体服务品质，瞄准的是国际一流水平。其间，我们充分借助市场力量，持续推进多元化、精细化开发，成效卓著，短短时间内，就建成交付公建配套设施约 20 万平方米。

首先，是引进优质公共资源品牌，构建三级邻里关系，打造 2 公里出行圈和 15 分钟生活圈。对公共资源的服务半径进行三个尺度的划分，即市区级、社区级和街区级，体现均衡配置、有序组团、就近服务、适当集中、集聚效能的原则。市区级公共配套设施主要为五角场城市副中心商圈综合功能的辐射，包括商业、金融、办公、文化、体育、高科技研发及居住为一体的综合型城市公共活动中心；城区级公共配套设施主要为教育设施、文体中心、集中商业、邻里中心、医疗卫生、敬老院、中央公园等，服务范围主要为城区生活人群；街区级公共配套设施主要为便利店、居委会、街区绿地等，服务范围主要为小区及周边生活人群。

其次，为全方位、高标准地满足社区人群对生活基本需求、精神文化需求等不同层次的期望，引进"上海市示范性幼儿园"中福会幼儿园、"艺术教育特色九年一贯制学校"上音实验学校、"上海市实验性示范性高中"同济一附中等一批一流教育设施，形成全周期和完整体系的教育设施链，设施配置均达到全市顶尖水平。

同时，为加快国际社区的要素配置，满足国际人才长期居住发展在新江湾城的需求，我们还引入了德法国际学校，目前已开工建设，英语系国际学校的引进也在计划中；另外，建设了上海东部人才公寓以及"尚景园"公共租赁房，交付人才公寓及公租房超过 20 万平方米，满足办公园区以及复旦大学等人才引进需求；建设了敬老院、长海医院体检中心等一批高标准的健康医疗服务设施；整合优质资源，邀请国际知名设计师进行设计，建设了一批高品质公共文化服务设施，引领新生活方式，包括美国一流设计公司 RTKL 设计并获得世界照明节能贡献奖的文化中心、上海首个非晶硅太阳能

体育中心（沈焕明　摄）

并网发电并入选上海节能建筑地图的体育中心、上海唯一一个获得吉尼斯世界纪录认证的滑板公园 SMP 滑板公园等；由二级开发商按规划实施了多级商业设施，完成以悠方购物公园（嘉誉国际广场）为代表的城区级商业和以君庭广场为主要代表的街区级商业，现均已开业。

2. 一个被投射以"智慧之光"的新校区

2005 年 9 月 23 日晚，"智慧之光"大型交响音乐焰火晚会在复旦大学江湾新校区隆重举行，一道道绚烂焰火燃放光华夜空，一段段美妙音符唱响百年复旦，为复旦大学百年华诞献礼。来自海内外的校友等 7500 余人共赴盛会。

晚会在优美的新江湾湖畔奏响，洋溢着青春、和谐的气氛。歌曲《青春万岁》、舞蹈《青春年华》点燃现场观众的热情，新创作的京剧歌曲《好日子》给人耳目一新的感觉。

当天晚上 9 点 10 分，象征着科技、希望、梦想的火炬被点燃，"光耀复旦、辉煌杨浦"八个用焰火勾勒的大字，在夜幕下闪烁，表达了人文校区、科技园区、公共社区"三区融合，联动发展"的美好理念。2300 余发焰火伴着悠扬的交响乐直冲星空，时而似流星，时而如灯笼，时而像花朵……十几种烟花分为"旦复旦兮""巍巍学府文章焕""师生一德精神贯""沪滨屹立东南冠""日月光华同灿烂"等篇章，展现出百年复旦勃勃生机。

神奇激光、焰火"瀑布"，形成"新、奇、特"的观赏效果。空灵、变幻的音乐，穿越时空，不时传来主持人雄浑的画外音，"旦复旦兮，俯仰百年"。在焰火簇拥下，在音乐海洋中，欢腾的人群醉了，复旦学子乐了……

这场音乐焰火晚会是复旦大学百年校庆系列活动之一，由复旦大学、杨浦区人民政府等单位举办。9月24日，是中国著名高等学府——复旦大学百年华诞的日子，海内外数万名校友、嘉宾都将见证这一辉煌的时刻。

复旦大学江湾新校区，东临淞沪路、西临国权北路、南临殷行路、北临国帆路，距邯郸校区

复旦百年校庆烟火晚会

约 3.5 公里，占地面积约 1600 亩（其中学生教师公寓占地面积 100 亩），规划全日制在校生 10000 人。

江湾校区是复旦大学"一体两翼"校区总体布局"一体"中的重要组成部分。

2003 年 12 月 30 日上午，举行的复旦大学江湾新校区奠基仪式，至今让人记忆犹新，而在 12 月 28 日晚复旦大学新闻中心邀请驻沪记者召开的新闻发布会上，校长王生洪、党委书记秦绍德、奠基仪式总指挥、副校长张一华等到会并一一致辞，详细介绍了江湾新校区的规划原则及布局构想。作为复旦大学校园建设总体规划——"一体两翼，就地拓展，就近发展"的一个重要组成部分，江湾新校区总建筑面积为 30 万平方米。其中一期建设是 10 万平方

米，包括教学楼、图书馆、院系用房、中外合作办学基地、国家实验室、研究院、生活用房及体育用房等。建成后的江湾新校区将主要用于国际化办学及文化交流，建设若干新型（学科）的专业学院和研究院，以及若干研究中心及传统学科的布局调整和事业拓展。复旦江湾新校区一期于 2005 年 5 月完成，以迎接复旦大学百年校庆的到来。复旦大学江湾新校区是建设杨浦知识创新区的重要组成部分，构筑以复旦大学为核心的杨浦知识创新区是上海市委、市政府实施"科教兴市"战略、打赢"智取华山"战役的重要举措，对于全面提升杨浦区功能，增强区域经济整体竞争力，推动杨浦区乃至上海东北部地区经济和社会发展将产生深远影响。

历经多年的建设，一个宁静隽永、生机盎然，既蕴含新古典浪漫主义的优雅，又散发着现代气息的崭新校区已跃然于众人眼前，置身其间，不仅能品味百年复旦的深厚积淀和文化底蕴，也能感触新世纪复旦的强烈脉动。

在网上，只要关注，就能看到"复旦大学，江湾新校区游记"这篇文章——

虽然我本身是成绩一直以来就很一般，但我还是有一个想法就是去好学校看看，我所在的学校离复旦大学很近，下了地铁 10 号线新江湾城站，差不多走一走啊，就一首歌的工夫很快就到江湾新校区了。

看起来人很少，不似五角场和大学路那般热闹，倒也有一种空旷寂静的别致。进校门时，一个笑眯眯的白白胖胖的保安在门口提醒，从左边进啊小伙子，我想他肯定把我当这个学校的学生了吧，哈哈，那我就厚着脸皮当一次咯。

进门以后，觉得倒不像是个学校，像是个公园，目光所及之处，只有一座非常低矮的建筑，和同济高楼林立的风格完全不同，十分空旷。哇塞，我心里就在想，怎么同样是学校怎么就差别那么大，哎真的是如果再让我选择一次，我肯定要选择复读。没考到复旦就再复读，我就不信这个邪了好吧。

走了一小段路，竟然看到了一个开满荷花的池子，荷花有盆子那般大小，周边蜻蜓飞舞。

哇，实在是梦幻。感觉这就是我梦境里面的感觉，在这附近走一走有一种羽化而登仙的错觉。

转过荷花池之后，走几步就到了图书馆，站在图书馆门前的广场上，都有点恍惚了，如果不是看到门口的广告牌，都不知道自己在什么国家了。完全西式的建筑风格，围成了一个圆形的大广场，这么奢侈的空地也只能在新江湾见到了。

进了图书馆以后，更是惊呆，看惯了同济朴素的图书馆，突然见到这么空旷闲适，充满异域风情的装修，又羡慕又赞叹，在图书馆里面转了一圈，就发现了一个好玩的设备，朗读亭听到自己的声音做成的作品，真的很有趣，也有纪念意义。

走出图书馆以后，发现了一个人工湖，正值夕阳落下，清风徐来，我醉了，我也睡了，说起来你们可能不敢相信，我竟然在湖边的长椅上枕着书包睡着了，没错真的丢脸，等我醒过来看看时间，才过去几分钟，我都觉得是不是跟小说里面的差不多，存在内外时间差。

实在是太惬意了，但是天色渐晚，便没有继续闲逛下去，遗憾没有去食堂看了看，要是这里面的饭菜又便宜又好吃，那么我觉得我现在就去复读好了，真的是人比人气死了，还好我自己没有给自己这个机会。路边巨大的绿色草坪上，有一对新人在拍摄婚纱照，看起来好幸福啊！

地铁站上面有一个很大的商场，出来以后在里面又逛了街，果然女生天性就是看到商场就喜欢逛一下。这也难免的嘛，商场还是蛮大的，我就看看没买。

吃过晚饭出来以后，白天的暑气消退，凉爽的风吹来抬头一看，就有自然的蓝天馈赠，天色不早了，我也该回去了，我想反正离学校也很近，以后肯定会经常跟闺蜜一起来，可不是再来玩的，我要过来学习。不仅是精神，更要是行动。

3. 一座校企共建的爱心助学连心桥

讲起最有品质的公建设施配套，说起有品质的教育资源，除了复旦大学江湾校区，不得不提到颇具特色的同济大学一附中。

随着新江湾城的诸多配套设施拔地而起、全面铺开，城投新江湾城指挥部在同济一附中项目上可谓不遗余力、全身心投入，在规划设计上，为了塑造出既能与周围环境相结合、互不干扰，又使整个学校姿态鲜明、功能合理，同时不影响周围尚未开发的土地价值的校区来，城投新江湾城指挥部的同志们结合新江湾城整体的生态理念，先后更新了六七个设计方案，做了六七个建筑模型，最后，才确定了将"生长"与"融合"作为设计的主题理念。至今，这六七个建筑模型还保存在同济大学一附中，成为校史中的一段佳话。而在工程建设上，城投新江湾城指挥部的同志们则抓时间，抢节点，仅用了一年多时间，就在新江湾城的土地上建造出了一所"景色美、品质高、质量优"的品牌学校，高标准的配置使同济一附中一跃成为杨浦区硬件设施最好的高中学校，并成为新江湾城又一个靓丽的景点。

同济大学第一附属中学原名"上海市鞍山中学"，始建于1960年。1978年确定为杨浦区重点中学，2001年更名为"同济大学第一附属中学"，2007年授予"上海市实验示范性高中"。2008年9月，入驻新江湾城后，不断迎来全国各地的师生参观、交流，他们对同济大学第一附属中学的所处环境、规划设计，以及教育理念留下了深刻印象。

同济一附中

不过，讲起新江湾城同济一附中，其名气之所以很响，倒不仅仅因为它是由我们城投置地建造的，或者说它是上海市示范高中，也是因为这所学校在 2014 年 7 月 24 日承办了第 12 届全国学生运动会男子足球比赛的赛事，当天，中央政治局委员、上海市委书记韩正来到现场。紧接着，2016 年、2017 年两年又成功举办了中国（上海）国际青少年校园足球邀请赛。不仅搭建了国际青少年校园足球之间交流和对话的平台，而且向国际青少年运动员呈现了一个充满活力与激情的现代化校园。

因为这所学校，让我与阮校长得以相识相知，并在置地集团与同济一附中之间架起了一座爱心助学连心桥——

1959 年 10 月出生的阮为校长，2009 年来到新的同济一附中接任校长。当时，我还兼任新江湾城街道的党工委委员，在一次街道组织召开的党建会议上，结识阮为校长，可能是因为我们年龄相近的缘故，在会上相谈甚欢。相隔几个月后，恰逢同济一附中 50 周年校庆，阮为校长特地来到置地集团邀请我们建设单位一同参与校庆活动。在这次交流活动中，阮为校长对新校区的建设相当满意，对城投建设的这所学校赞不绝口；同时，在交流中阮校长也提到了学校遇到一些优秀的莘莘学子由于家庭因病、离异等各种原因致贫，对学生的学习带来了一定困难。讲者无心，听者有意。我把这个信息向党委做了汇报，得到了当时城投置地集团党委书记邹明荣的积极支持。后经党委讨论，大家一致认为国有企业不仅要建造好学校，更要培育好祖国下一代。于是，在同济一附中 50 周年校庆之际，我们与同济一附中"爱心满江湾，助学手拉手"爱心助学三年行动计划应运而生：将支部共建与帮困助学相结合，置地集团党委下属 6 个支部分别与 6 位困难学生"一对一"结对子，通过每年党员与员工"一日捐"募集的帮困基金，对困难学生在经济上扶持、在生活上照顾、在学习上帮助、在心理上疏导，全方位帮助困难家庭学生健康成长。

这些年来，城投置地集团党组织领导换了一茬又一茬，但是爱心助学的接力棒始终得以延续，从来都没有中断过。2014年，当得知同济一附中招收了一批少数民族高中班学生，里面不乏品学兼优但家庭贫困的学生，置地集团又主动与同济一附中对接，下属6个党支部主动通过学校与6位少数民族班学生对接，这是继2010年以来置地集团与同济一附中开展"爱心满江湾，助学手拉手"爱心助学行动计划的延伸。

爱心助学架起了校企共建的连心桥。置地集团建立起了"四个一"的长效机制：一本爱心助学联络册、一笔爱心助学金，一次爱心交流会、一场迎春联欢活动。近十年来，城投置地集团在开发建设新江湾城的过程中，不忘承担社会责任，而其中的爱心助学已经成为置地集团的优良传统，先后资助了60多位贫困家庭学生，爱心助学活动延续至今……

4. 一个让世界瞩目的极限运动公园

位于新江湾城体育中心东侧的SMP滑板公园，是目前世界上最大、功能最全、难度最高、施工质量最好的永久性极限运动公园。整个公园的占地面积12000平方米，远远超过了9000平方米的美国极限运动公园，公园内拥有世界长度最长、高度最高的U台及深度达到5米的U池，这些设施目前在世界上都是绝无仅有的，是众

SMP 滑板公园

多极限运动参与者想要征服的极限平台。

SMP 是一家来自澳大利亚的专业冲浪、滑雪、滑板等服饰与装备制造商。

2004 年 4 月《新江湾城 SMP 极限运动中心合作建设经营协议》签约仪式在国开行大厦 5 楼会议室举行，国际体育总局群体司副司长刘国永、中国极限体育运动协会秘书长魏星、上海体育局副局长李伟听、杨浦区、澳大利亚政府代表团成员、城投公司总经理高国富、副总经理孔庆伟、张全等参加了签约仪式。该主题公园是为积极贯彻市府"体育进入社区"的精神，由上海城投与澳大利亚 SMP（亚洲）公司合作建设，它不仅将成为当今世界最大的极限运动主题公园，同时也将是全国第一个以极限运动为主题的公园。

我们可以毫不夸张地说，SMP 滑板公园的建成，不仅将推动我国极限运动的发展，而且也能够让新江湾城因此而吸引世界目光，当然，它的打造过程也充满了曲折和艰难——

滑面施工是关系到滑板公园成败的关键工序，对曲面圆滑度、耐磨度和抗冲击性能的要求极高，国外一般采用高强的喷射混凝土材料施工。由于是国内第一次施工，没有任何经验可借鉴，新江湾城指挥部和施工滑板公园总承包单位共同组织了科研攻关小组。一开始，先在空地上试喷了三四个滑面，效果均不理想。经科研小组从混凝土配比、外加剂掺量、喷射机械、喷射压力、每次喷射厚度和混凝土养护等多方面进行调整，基本达到了滑面施工的要求。为了慎重起见，科研小组又在空地上做了一个试验区，完成后经澳方设计人员现场试滑，他们对试验区滑面表示基本满意，同时也提出了局部曲面圆滑度不足、混凝土色差较大等问题，科研小组又在澳方的意见基础上，研究讨论了针对性的技术措施。经过充分准备，于2005年6月25日开始正式浇注滑板公园滑面，先期完成西侧的一个"花生米"形状的滑区，经现场实测，部分技术指标已超过澳方的设计标准。

2005年8月，负责SMP国际极限运动挑战赛的美国Ocatgon公司亚太部经理视察正在建设中的新江湾城国际滑板场工地后，遗憾地说："你们工程脱期了，我看10月份比赛来不及了，改期吧！"而事实证明，他错了，这究竟是怎么一回事呢？

原来，国际滑板场是新江湾城建设指挥部按照市场运作规模引进的外资管理运营合作

滑板场

项目，该项目工艺复杂，质量要求特别高，国内尚无建滑板场的先例。由于没有经验，先行施工的两个滑区的 Coping（滑面和平面的相接处）出现了 1 毫米的误差，项目管理人员对施工工艺进行了琢磨改进，并自行研制出一套操作工具，终于搓出了合格的 Coping。时间节点跟不上，施工期间就一天三班 24 小时连轴转。7、8 月份正当盛夏酷暑，施工人员坚持在烈日下捣浇混凝土、搓磨 Coping，两个月下来，同志们个个都晒成了"李逵"，但工程获得了突破性进展。外方技术人员定下每天施工 4 米的极限突破了，施工速度达到每天 12 米，质量全部合格。

2005 年 10 月 6 日，世界滑板协会主席波斯迪克先生光临新江湾城视察滑板场，看到工程质量优秀、工期全部赶上的情况后，跷起大拇指说："新江湾城滑板公园，不仅是世界上最大的，而且是世界上最好的。我不会想到，这发生在中国的土地上！"

2005 年 10 月 6—7 日，"2005 Gravity SMP 国际极限挑战赛"首次登陆上海，在新江湾城国际极限主题公园举行，在两天内吸引了近万名极限爱好者前来观赛。来自中国、美国、澳大利亚、日本等国的世界排名前十的选手，在这里角逐滑板、直排轮滑、特技单车、极限越野 4 个项目。公园内还专门设置了互动竞技、游戏闯关、时尚产品展示等多个活动区域，体现了"炫酷人生、彰显自我"的极限狂欢主题。

SMP 国际极限挑战赛（SMP Shanghai Showdown），得到了上海市政府、市体育局的大力支持，经过 2005、2006 两年的成功举办后，这项赛事更是吸引了众人的眼球。

2006 年 SMP 国际极限运动挑战赛，更是被评选为上海的十大赛事，成为上海体育的新名片。

　　2006 年 10 月 5 日，上海又迎来了本年度最大的极限盛事——SMP 国际极限挑战赛，从滑板名家尼尔·亨德雷克斯到直排轮高手法比奥拉·德·席尔娃等世界各地的顶级极限运动员都云集申城。2006 年赛事共有四个项目的角逐，分别是 U 槽滑板，街式滑板，U 槽小轮车和直排轮。从早上 10 点开始，来自世界各地的顶级选手和中国本土选手为观众上演了一场场精彩绝伦的高空表演。除此之外，组办方还新增加了整日的极限嘉年华和夜间的庆功音乐派对。攀岩、蹦床、电玩、涂鸦等丰富的游乐项目让现场观众体验，夜间的音乐派对中，港台当红乐队信乐团，艺人张震岳、范逸臣，"我型我秀""好男儿"前五强和国际知名乐队 The Almighty Grind 的现场表演，让大家度过一个狂欢的极限之夜。

　　滑板公园的设计师 Simon，自己是有着 30 年滑板经验的滑手，是澳大利亚最有竞争力的滑板运动员之一。正像一个不懂高尔夫的设计师没可能做高尔夫球场的设计，Simon 的设计团队里每个人都是优秀滑手，他们设计过 300 多个滑板公园，每个人都得到大公司的赞助。然而他们需要面对的挑战，不仅是如何设计出独一无二的场地本身，更是如何能在中国的文化环境下，做出一个最大最好的滑板公园。他们交出了一份看来非常完满的答卷。SMP 滑板公园是一个系统的解决方案，可以满足不同级别的极限运动爱好者的需求：初级、中级和专业玩家都可以找到适合自己的地方。更重要的是，它能够融入新江湾城这个上海未来梦想之城的大环境。

　　SMP 极限公园于 2006 年 7 月 19 日申请吉尼斯世界纪录，并且获得成功，成为世界最大的极限公园，同时这也是上海第一个获得吉尼斯世界纪录认可的体育运动场所，这对促进上海乃至中国极限运动的发展产生了积极的影响。

"SMP 国际极限挑战赛为我们国内选手提供了一个表现自我，积累经验的舞台。我们非常希望看到我们的青少年愿意、敢于挑战极限。这一国际性的赛事将在未来 3 年中连续举行。"2006 年 8 月，正式就任上海市极限运动协会首届主席的孔庆伟这样说，"上海城投将利用新江湾城极限运动资源，积极支持组织相关活动，向社会传达和展示'让都市生活更美好'的理念。"

其时，他是上海城投置地（集团）有限公司董事长。

5. 时间轴上的文体卫中心及其他

沿着最有品质公建配套设施推进的时间轴，我可以这样说：新江湾城的建设者越来越清醒地认识到"完善公共服务体系、提高民生水平"的重要性，越来越自觉地意识到"使命呼唤担当，使命引领未来"的迫切性，大家坚信：使命必将演绎更大的精彩——

2004 年 8 月，新江湾城文化中心举行动工仪式，标志着新江湾城建设由景观建设、市政基础设施建设为主，逐步进入到市政、景观、公建同步建设的格局。城投总公司副总经理、新江湾城总指挥孔庆伟宣布动工，复旦大学副校长张一华以及总包单位上海建工集团相关领导出席动工仪式。

作为新江湾城地区的文化交流展示中心，文化中心设计方案采取以人为本、以自然为核心、以生态为主题的基本指导原则，旨在创造一个既有独特的标志性，又和周边自然生态环境完美融合，同时具有积极的社会效益的文化中心。文化中心建筑本身，又是城市环境和自然环境的过渡，建筑形式以"根"的意向表达出与自然湿地环境相契合的原生状态，明确突出生态的主题，以景观设计的方式将建筑与水面、植被融为一体，使其成为整体环境的一个有机组成部分。文化中心的建设成为新江湾城一张景观名片，并获得优秀民用建筑项目一等奖。

新江湾城文化中心以独特的建筑形态风格成为片区内新的优质景点，我先后接待过来自社会各界的参观人群。其中，让我记忆犹新的是 2008 年 1 月，我陪同党建共建单位崇明新村乡的党委书记、乡长以及下属支部十来人参观新江湾城文化中心。参观过程中，他们对文化中心的建筑形态、功能、环境赞不绝口，每个人都跷起了大拇指，期盼崇明乡村的下一轮建设也能拥有如此优质的公建配套，以工促农，以城建乡，提高农村百姓的生活品质。

紧接着，又一个大型配套设施开工了。2004 年 9 月，新江湾城体育中心正式开工建设，该中心位于新江湾城公园西北侧，与复旦大学新江湾城校区相邻。总占地面积 27000 平方米，其中包括体育运动中心区 15000 平方米和国际滑板场区 12000 平方米。体育运动中心区主要有游泳池、运动健身房、壁球房等体育设施和附属配套设施，以及休闲娱乐购物等场所；而国际滑板场区与澳大利亚 SMP 公司联合建设运营，建成后定期举办各种世界级的重大滑板体育赛事。2006 年 10 月，体育中心正式交付使用。

由于新江湾城属于熟地开发，先配套后居住，大规模的体育中心建成初期不可避免地存在人气不足的情况，维护运营成本相当高。为此，二楼、三楼暂作置地集团临时办公室，一楼则引进了在国内健身业中处于领先地位的美格菲健身中心，尽管进行了市场化经营，但经营还是遇到了困难。新江湾城指挥部总指挥孔庆伟十分关心此事，对我说："你是工会主席，能否动动脑筋、想想办法？"办法总比困难多，我想到了"两个一点"的主意，动员有健身需求的员工自掏腰包出一小点，加上工会出一点，为员工购置健身卡，既为美格菲增添了浓厚的健身氛围，提升了人气，又使得我们员工能一起共享新江湾城建设的配套福利。就这样，美格菲渐渐地扩大了影响，聚拢了人气，周边复旦大学、长海医院好多人都慕名而来。

接下来，就要说到卫生中心了。文化中心、体育中心、卫生中心这三个中心，是每个街道社区的标配，但规模、品质却不尽相同，由于国际社区的定位，新江湾城城区的文化、体育、卫生中心的档次是很高的。那么，为何这个卫生中心时至 2018 年 4 月才开业呢？自新江湾城有了高档一流的文化中心、具有世界一流的体育中心之后，按理，紧接着就应该是卫生中心。不过，这里有个小插曲。当时城投与杨浦千方百计想引进长海医院进新江湾城的，因此在项目的选址和供地上出了很多力，花了很大的工夫，最后总算是把长海医院请了进来，但是，由于这个项目是医院投资建设的，因此等项目建成后，长海医院就从当时人气、需求、经济效益等方方面面的因素考虑，先进

养老院

来一个长海医院体检中心。随着开发的进展、人口的导入，新江湾城城区对卫生中心的需求也愈发强烈，在街道的关心和推进下，通过各方的努力和协调，新江湾城卫生服务中心和养老院终于落地。

2018年4月，新江湾城街道社区卫生服务中心正式对外开业，开设有全科门诊、中医诊疗综合服务、口腔保健室、儿童保健中心、妇女保健门诊等，满足居民不同需求，为居民提供社区预防、保健、医疗、康复、健康教育及计划生育技术指导等六位一体的社区医疗卫生服务。此外，社区卫生服务中心社区卫生服务中心还推行了"1+1+1"家庭医生签约、预约与转诊及处方延伸等改革政策，将社区医疗与公共卫生服务信息互通互融，充分发挥家庭医生在居民健康、医疗费用、医疗资源中的"守门人"作用。此外，中心还在政和路、时代花园开设两个家庭医生工作站。

新江湾城除了卫生中心以外，还配置了老年福利院——福象新江湾城老年福利院，坐落于卫生服务中心隔壁，政和路77号，属于公建民营，占地9000平方米，共设有约300张床位，有2人间、3人间、4人间、5人间和6人间等多种房型可供选择，院内配套设有康复中心、棋牌室、书院、网吧、小超市、琴房、多功能大厅等，是一家公建养老机构，由中外合资的专业养老服务机构受托运营管理。

据悉，为了让该院尽快走上正轨，向老年人提供温馨温情的护理服务，院方管理层借鉴了美国优秀养老企业的经验和教训，大量吸收外方的先进理念，仅行政、护理、后勤等方面的各种运行标准和制度，就制订了400多份，当中的内容甚至可以细分到护理员怎么为老人穿衣、厨师烧饭时各种酱料的配比等。在国外从事养老机构管理多年的张皓博认为，尽管该院有着优美的外部环境、宽敞的公共活动区域，而且紧邻社区卫生服务中心、医养无忧，但良好的硬件条件仍需匹配上优质的软件管理，特别是细节做得如何是决定一家养老机构服务质量的关键。张皓博说："虽然入住养老机构的老人的生活不能完全自理，但我们希望通过科学而又人性化的服务，为老人创造更体面、更健康、更快乐的养老生活，让他们享受到贴心的家庭式温情服务，同时最大限度地保有他们的晚年尊严。"

在公建配套的时间轴上，新江湾城中央公园于 2005 年 2 月正式开放。该公园位于新江湾城的核心，是城区中心的大型城市公园，服务于整个新江湾城居住区的市民，集聚集、文体、休闲等综合用途的现代城市公园。占地约 17 万平方米，其中水体面积约为 5 万平方米，并与新江湾城整个水系相互沟通。新江湾城公园拥有良好的生态环境，与大学校园毗邻，是一个没有围墙全开放的居民日常生活中心。新江湾城公园有充满活力的广场，开阔的湖面，四季如茵的草坪，大型的体育、文化中心建筑等。公园以规则式的广场为中心，营造可驻足停留观景又能随意游赏的公共艺术中心。

随后，2005 年 6 月，新江湾城安徒生儿童文化公园开发建设签约；2006 年 9 月 1 日，杨浦本溪幼儿园江湾分部幼托以崭新面貌迎来了第一批小朋友。2006 年 11 月，中福会幼儿园总部入驻新江湾城时还在新江湾城文化中心举行了签约仪式，中福会副主席许德馨、秘书长艾柏英、杨浦区委书记陈安杰、区长宗明及城投公司总经理孔庆伟、副总经理王志强等领导出席了签约仪式。中福会幼儿园总部坐落于新江湾城 D2 教育园区地块，占地面积 15000 平方米，建筑面积 8000 平方米，建成后可以开设 15 个班级，可容纳 350 多名学生。作为中国最著名的幼儿园品牌，中福会幼儿园总部迁入新

安徒生主题公园

江湾城后,与城区内已经落户的同济中学、复旦大学新校区一起共筑新江湾城知识品牌,大幅提升新江湾城教育资源的品质,进一步提高新江湾城的影响力。2008 年 5 月开工,2009 年 9 月 1 日,中国福利会幼儿园总部迁至上海市杨浦区国晓路 300 号。2007 年 3 月,在新江湾城文化中心还举行了筹建上海音乐学院实验学校签约仪式,置地集团公司总经理俞卫中代表总公司在协议书签字,总公司王志强副总经理出席仪式,新引进的上海音乐学院实验学校落户在新江湾城 D2 地块之中。

6. 环环相扣的"三个生活圈"

沿着最有品质公建配套设施推进的时间轴,我同样可以这样说:

新江湾城的建设者抓住城区居民面临的最关心、最直接、最现实的问题，一件事情接着一件事情办，不断满足着城区居民日益增长的美好生活需要。其中，5分钟的社区商业圈、15分钟的城区商业圈、30分钟的城市副中心"三个生活圈"的打造和形成，满足了新江湾城居民的获得感和幸福感——

作为集商业、文化、体育、卫生、教育等于一体的"社区商业中心"，邻里中心就在百姓的身边，围绕着"油盐酱醋茶"到"衣食住行闲"，包括小型超市、商品专业店及服务专业店、餐饮店、专业商场、银行营业所、集市等，为百姓提供"一站式"的服务。新江湾城邻里中心同样有着四种业态规划，购物、休闲娱乐、餐饮、社区服务四种，基本能够满足核心用户的生活用品和生活需求。以新江湾城C7邻里中心为例，其设计理念有二，一是秩序的叠加与共生：西北面的大规模生态走廊与东南角路口之间建立自然秩序，而街道与警署两大功能则是建立社会秩序的关键，将社会秩序叠加在自然秩序之上。二是归属感与邻里精神：内向的围合空间强调了空间的内向性，并增加了居民的归属感，同时也是为了换回早已淡化的邻里精神。底下两层的自由外墙与商业氛围，建立了城市与自然的共生。

上海嘉誉国际广场又名"U FUN 悠方"，则是一个提供"一站式消费"的综合性购物中心及特色时尚生活区。上海有个词叫"笃悠悠"，即为笃定、悠闲的意思。在现代快节奏的生活中，"悠生活"作为一种稀缺资源，显得弥足珍贵。而悠方正是为上海居民独辟的一处"笃悠悠"天地，将值得把玩的生活趣味、大都会的休闲品位、世界各地的精致佳肴全部囊括其中。由于紧邻地区最大湿地公园，可以享受着天然氧吧带来的清新空气，同时作为区域核心，在绿色掩映下还能畅享城市生活的便利，在生态环境与城市生活之间保持了恰好的距离，正好可以满足对山林自然与都市繁华的融合的梦想，让居住在附近的众多居民享受到一座拥有公园般氛围，汇聚国际潮流服饰、精品家具，同时引入世界各地纯正风味的特色小吃，融一站式购物、体验型消费、全新复合型商业于一体的购物中心带来的非凡体验，拥有了一处回归自然却又"离尘不离城"的理想之地，为城市生活展现出不一样的生态之美。

当然，成熟的五角场生活商圈也是举步即至，江湾五角场地区城市副中心被纳入新江湾城居民的 30 分钟商业圈。作为上海城市经济流的高效聚集区之一，五角场环岛地区则被政府、专家与市场视为继徐家汇之后，最具发展潜质和特色的城市副中心商圈，万达广场、百联又一城、合生国际广场等，完全能够满足新江湾城业主更高能级的消费需求。江湾五角场地区城市副中心的实力在上海是非常突出的，其优势在于上海主城区内 9 个城市副中心均以江湾五角场为样板，但是综合和全面性很难赶上江湾五角场，江湾五角场城市副中心紧凑程度和完备性，其实很大程度上已经是城市中心的规格，由于上海北部短期没有其他副中心出现，江湾五角场城市副中心还在扩张期，与上海市中心的"中心过剩"形成了鲜明对比，以目前的情况来看，江湾五角场地区已经成为上海城市副中心的经典之作。

第五章　筑就最有温度的精品住区

没有创新就没有突破！

新江湾城把握历史性机遇，利用国际国内优质资本搞开发。在一级开发的高品质引导下，引进国际知名房地产商进行住宅建设，共同打造国际化品质生活区。多元化的品质住宅，低层独栋住宅、底层联排式住宅、多层住宅和小高层住宅等，达到绿色建筑标准，形成了一道迷人的国际化顶尖社区风景线。

1. 精细化开发理念与管理思路

在新江湾城总体开发理念的指导下，在实施新江湾城的土地开发过程中，城投新江湾城工程建设指挥部的建设者，在实践中坚持创新：从结构规划到城市设计，再到控制性详规，最后完成专业规划，新江湾城在土地开发过程中形成了一整套科学的规划方案，在城市设计、专业规划以及规划管理等三个方面进行了大胆的实践和创新。

城市设计创新。在一般的规划设计中，都是由结构规划直接过渡到控制性详细规划。而新江湾城为了解决城市天际线等空间问题，在结构规划落地的基础上，创新性地增加了城市设计的程序，委托境内外多家公司实施城市设计。最终，以结构规划为基本依据，结合优化的城市设计方案，高质量地完成了 A、C、D 区的控制性详细规划，解决了区域开发中城市天际线、城市界面难以统一的问题。

专业规划创新。传统的专业规划，一般仅包括水、电、气，以及消防、环卫等几个方面，新江湾城为了能够更好地实现城区功能，在专业规划方面引入了信息、生态，以及道路断面形式等方面的专业规划，把专业规划工作推到一个新的高度，并将各专业规划落实为具体的工程设计加以实施。通过专业规划方面扩展和突破，城区的智能化、生态化水平提高到了一个较高水平。为新江湾城创建"21 世纪知识型、生态型花园城区"奠定了良好的基础。

规划管理创新。作为一个整体开发的熟地项目，新江湾城形成了一套科学的规划方案。由于城投公司的定位是土地开发商，具体的房产开发还要有二级房产开发商来实施，我们对二级房产开发商不具有行政上的控制权力。为了保证科学的总体规划方案能够在各个房产开发项目中体现，规划管理上必须要有所创新。为此新江湾城指挥部提出了"规划预审"的创新模式，并且得到了市规划局的认可。所谓"规划预审"，就是作为土地开发商与规划行政主管部门建立接口，规定新江湾城范围内出让的地块，其项目建筑规划在向规划行政主管部门报批之前，必须由城投新江湾城工程建设指挥部进行预审，而城投新江湾城工程建设指挥部则负责根据结构规划方案、城市设计方案、控制性详细规划方案，对二级房产开发商的项目建筑规划进行规划预审。为了保证"规划预审"的实施力度和透明度，城投新江湾城工程建设指挥部还制定了《受让地块规划及开发导则》，用以规范二级房产开发商的项目建筑规划。

自 2005 年起，新江湾城凭借独特的概念定位和区位优势，迅速占领了高端住宅市场，慕名而来的都是国家级甚至世界级的大开发商，铁狮门、汉斯、仁恒、九龙仓、华润、中建、珠江……

而淞沪路对侧部队留用的 4000 亩地产开发用地，也陆续开发建设，全军老干部住房建设也同步实施，一批住宅拔地而起，比如建发江湾萃、保辉香景园、恒申……

他们的建筑作品，散布在精心布局的新江湾城中，与活水和植被为邻，彼此竞争又互相协调，与脚下的这片土地同生共长。

2. 第一块土地的招拍挂

2004 年 11 月 10 日，新江湾城首块出让地块——C1 地块标书正式对外发售，截至 11 月 12 日下午 4 点，共售出标书 47 份，标志着新江湾城土地出让工作取得阶段性成果。

C1 地块作为新江湾城规划区域内首块出让的熟地，一经推出就引来了众多地产大鳄的追逐。

2005 年 1 月 12 日，新江湾城 C1 地块投标、开标。评标会在浦东南路 500 号五楼举行。经过第一轮角逐，深圳招商、中国海外、广东珠江、嘉德房产、瑞安、上海古北六家"房产航母"入围。开标前，现场气氛已异常紧张，脸色凝重的几家投标企业负责人纷纷向记者表示："光规划方案我们就做了两个多月，中间几易其稿，公司志在必得。"当天中午12:50，会议室内预留的位子早已占满，工作人员只能在后排不断地加座，晚到的只得站在最后一排等待结果。下午1点，全场一片肃静，一场激烈的土地争夺战就此拉开帷幕。"底价144000万元，可上浮比例30%。"公布价位有效区间后，瑞安、深圳招商由于投标金额低于底价而出局，广东珠江、中国海外、嘉德房产、上海古北四家企业入围，广东珠江荣登第一宝座。下午5点多钟，商务标得分最终揭晓，得分相当接近，第一第二位只相差0.47分，最高的广东珠江与最低的上海古北仅差4.03分，所以谁输谁赢就要看规划方案，30分的技术标得分顿时成了举足轻重的关键。半小时后，当读到广东珠江技术标得分为22.3时，广东珠江的负责人情不自禁地挥手鼓掌，而中国海外、上海古北、嘉德房产与新江湾城C1地块失之交臂。

最终，经过严密的评标程序，广东珠江投资有限公司成为上海市新江湾城C1地块的中标人，中标价格为158893万元。这是上海城投向社会推出的第一块土地，是"探路者"，也是"头炮红"，这一拍也标志着上海城投按照市政府要求探索新江湾城熟地开发模式取得了成功，大大提升了土地价值。

3. 一号作品引领精品开发

2006年，放眼大上海都市圈，杨浦区北端的新江湾城作为市区内的最后一块处女地，凝聚了上海政府部门打造典范住宅聚集区的希望，也聚集了许多消费者的居住梦想。

由广东珠江拍得的 C1 地块建造而成的新江湾城一号作品，终于在千呼万唤中出炉了，全名为"合生江湾国际公寓"。新江湾城一号作品西侧为复旦大学新校区，南侧为新江湾城公园，占地面积约 17.6 万平方米，住宅建筑面积约 28 万平方米，建筑采用 Corssover 公寓设计理念，提供最大限度的想象空间和享受空间，户型以两房、三房为主。作为新江湾城的开题之作，一经推出就受到市场热烈追捧。盛夏正式开盘的当天，人潮涌动，现场一房难求，盛况空前。当时，我作为新江湾城一级开发建设者，与指挥部同事一起前往现场观摩，从老百姓口中得知，大家都觉得合生江湾国际公寓是一个既适合居住，又适合投资的项目。良好的居住环境、配套设施、规划设计等，是对入住人群最大的关爱，而周边配套设施的逐渐完善，也将会推进新江湾城区域房价的稳步发展。

随后，在新江湾城"先地下后地上，先配套后居住，先环境后建筑"的开发背景下，二级住宅开发正式拉开大幕，一幢幢精品住宅如雨后春笋一般拔地而起！

2005 年 6 月，新江湾城和美国汉斯公司合作开发 C5 地块框架协议正式签订，标志着新江湾城地产开发引入一线国际品牌。

2006 年 12 月，历时一年多的洽谈，世界地产巨头美国汉斯有限合伙公司正式入驻新江湾城 C5 地块，成为新江湾城建设的合作伙伴。C5 地块地处新江湾城中心地带，土地用途为商品住宅、办公、酒店、商业用地，总用地面积近 19 万平方米。为了充分保障国有资产处置的公正性和规范性，城投悦城增资项目进入联合产权交易所挂牌招募战略合作伙伴，最终汉斯地产摘牌成功，并根据最新的外资准入政策，完成了外资委、外管局和工商等相关政府部门的审批工作。在上海房地产市场普遍低迷的情况下，汉斯公司把新江湾城作为介入上海房地产业的首个战略基点，将为新江湾城吸引更多战略投资者的目光，为进一步提升新江湾城品牌和做好下一轮开发打下坚实的基础。C5 地块取名加州水郡，是美国汉斯和城投合作打造的新江湾城板块首个大型综合性项目。项目集美式经典住宅、写字楼、国际酒店、零售餐饮和娱乐等多重物业形态于一体。对于当时的新江湾城而言，这个综合性项目的建成无疑很大程度上改变区域现状，于 2009 年 8 月开盘，售价为 2 万—2.5 万 / 平方米，那时候市场正烈火烹油，一房难求，首批推出的 400 多套房子瞬间卖完。

有了一号作品，再有了城投和美国汉斯合作的加州水郡，紧接着，城投新江湾城首府的故事应运而生——

新江湾城·首府的宣传画册出过多少版本，我不甚清楚，但就我手头拥有的两种版本来看，无论就其设计，还是印刷质量，无一不是精品。

翻开新江湾城·首府宣传画册，内容和文字也是一致的，内容分为三大块，第一块，介绍新江湾城所具有的那种财富无法换取的自然诗意、成熟完备的高端商业配套、丰富的教育资源与精英教育体系，还有产城融合促使第三代国际社区的再度提升；第二块，就是新江湾城·首府"十年磨炼、十年巨献"的诠释及其呈现；第三块是介绍上海城投置地的企业概况、信条以及根植上海参与打造的建筑精品。

《话说"首府"》的文字是奢华的，甚至奢华得有点炫目，但是，正如新江湾城·首府宣传画册的文字编辑所说：因为奢华，所以奢华。我明白她的意思，首先是因为新江湾城·首府的奢华，因此，新江湾城·首府当得起这种文字的奢华——

豪宅之上——贵族精神启幕宫殿时代：

于新江湾城首屈一指的核心地块，再现法兰西至高无上的建筑艺术形态。上海城投新江湾城项目部首创"宫殿墅宅"，突破传统豪宅印象，由国际知名的葛乔治建筑设计事务所规划设计，借鉴法国凡尔赛宫、卢浮宫所创立的宫殿凡尔赛宫形制，传承古典主义巴洛克艺术风格，以理性的结构比例呈现高贵的秩序感。社区整体采用开放式格局，前后为开阔花园，中间伫立宏大建筑，在时代新贵特殊的礼序要求与舒适生活之间追寻完美平衡，将气宇轩昂的宫廷建筑与现代住宅有机融合，缔造沪上首个纯正法式宫廷住宅、新江湾城唯一一座纯别墅社区——新江湾城·首府。

宫殿墅宅——巅峰奢适重塑豪宅新境界：

新江湾城·首府占地 6.8 万平方米，容积率仅为 1.0，在上海高端住区中极为罕见。西临新江湾城公园一路之隔，北临天然生态河道，南接国秀路，东侧为江湾城路，傲居生态版图唯一核心地位。全社区仅限量 199 户，于不可复制的生态领地中，为极少数人筑就稀世典藏。"极境"空中叠墅、"宽境"平层墅宅、"深境"花园叠墅，以及"馨境"独立式联排别墅，全户型设计皆以大尺度、大空间为格局基础，完美再现了宫殿形制，满足真正贵胄阶层的生活形态与社交礼仪所需。

浪漫史诗——谱写古典精髓的至上传承：

新江湾城·首府承袭纯法式古典宫廷风格，外观上呈现"纵""横"三段式，建筑形态左右均衡对称，轮廓整齐、严谨，给人以庄重雄伟之感，被誉为理性之美的代表。

建筑立面全采用卡拉麦利金石材干挂工艺，与古典柱式支撑相辅相成，以完美的比例与线条感，诠释男性般的沉稳厚重；露台、门廊的雕琢别致柔美，散发女子般的秀外慧中；为整个建筑营造出刚柔并济、庄重典雅的浪漫感受。蓝灰色调的孟莎式双坡屋顶与形式多样的拱窗，丰富了建筑外观的层次感，营造立面的丰厚韵味，唤醒欧洲皇家神韵。

皇家园林——元首检阅的礼序传统：

新江湾城·首府在园林设计上，沿袭凡尔赛宫造园缩遵循的"礼序空间"的精髓，采用有规则的双轴线方案。南北主轴式景观序列，由南入口"大理石庭院"步入社区，沿途依次经过宏伟的会所，刺绣花坛，矩形草地，水池景观直到海神喷泉；东西景观轴则为300米皇家林荫大道，与南北主轴相交。笔直的轴线随着地势的起伏而充满变化，忽而台地，忽而小坡。轴线两侧的丛林、园艺则与轴线形成了明暗、动静的对比，找到了一种令人信服的动态均衡感。明快、精确、清澈透明，尊崇礼序的空间感实现了立体化的完美融合。建筑独创360度全景观设计，让室内空间无限延伸至室外，与自然环境融为一体。

虽然《话说"首府"》的文字是奢华的，但是，仔细读去，就会发现，奢华的文字却把新江湾城·首府的建筑风格、地理位置、生态环境、社区格局以及配套服务说得一清二楚，因此，看上去的过度奢华也就有了她的异样的光彩。

城投新江湾城建设者在一片热土上打造的精品住宅，很值得自豪。犹记得 2014 年春节后，首府项目以全新面目面向市场，当时，城投置地董事长俞卫中找到我，提议在首府项目宣传过程中邀请各界领导、专家来现场观摩指导，我建议利用周末时间组织一场桥牌活动，得到领导们的一致认可。于是，我通过"娘家"——市建设工会出面组织了这场桥牌活动。记得当时是一个星期六下午，我们邀请了市建设系统的领导和专家，在首府售楼处开展了一场热闹的桥牌赛，应邀参加的有市建委、市房地局、市规划局等方方面面的

精品住宅"首府"

领导和专家。赛后，领导、专家们在置地集团领导陪同下参观了首府项目，一致表示了对该项目的高度认可，一个个竖起了大拇指。事实也是，首府项目在 2014 年上海市住宅楼盘评选中获得第八届优秀住宅金奖。

曾记得，在首府项目开盘之初，有一位旅居在加拿大的蔡先生，不知从哪里得到消息，说是新江湾城·首府在上海别墅中独树一帜，于是，通过市总工会领导的介绍，找到了我，那天，我带他到现场。他看了项目规划沙盘后，到装饰好的样板房去参观，被现场实景深深打动，激动不已，于是当场就落下订单，订购了一套下叠别墅。如今，只要回到上海，提起此事，他都掩不住那份喜悦的心情。

还有一位企业老总，是从外地来上海打拼的才俊，虽说岁数不大，却有 3 个孩子，他"抢"下新江湾城·首府的房子，按他的说法，纯粹是为了孩子，因为新江湾城有优异的教育资源。

目前，首府早已销售一空，住户全部入住，市场反响相当好。

第六章　踏着最坚实的步伐前进

"鱼无定止，渊深则归；鸟无定栖，林茂则赴。"
能不能吸引人才、集聚人才、用好人才，让人才创
新创造活力充分迸发，使各方面人才各得其所、尽
展其长，是新江湾城建设发展的关键所在。只有充
分认识到这一点，新江湾城，才能踏着最坚实的步
伐前进。

1. 走出去，学习先进、对标一流

为了打开大家的眼界，拓宽视野，新江湾城指
挥部积极搭建平台，组织大家分期分批出去考察学
习，有国内的，有国外的，去学习先进，去对标
一流。

早在 2003 年，孔庆伟总指挥就曾经亲自组团
去美国考察，这是新江湾城新一轮建设拉开后的第

一个出访团，副总指挥俞卫中等 5 位专业人士参加，我也有幸获得这次学习的机会。这是一次为期 2 周的考察学习。当时，团长孔庆伟既是城投总公司副总经理，又是新江湾城工程建设指挥部的总指挥，肩上的任务相当重，因此他把时间抓得很紧，到了国外，总想多看些项目，多和境外设计公司交流探讨，因此，在十几个小时的飞机抵达后，我们直奔境外设计公司而去，一点也没顾上休息。说起来好笑，那天，好像去的是美国强森设计事务所，听取新江湾城项目规划的合作事宜，既要听双方交流，又得听翻译，我实在困了，有些瞌睡，这时坐在我旁边的俞卫中就不时拉拉我的衣袖，不得已，我只能拼命喝咖啡，强打起精神……就这样，我们在 14 天里走了好多地方，重点考察了美国加州理工大学，洛杉矶、旧金山、拉斯维加斯的城市规划和商业中心、公共建筑，并且和多家设计公司开展了交流，收获很大，确实开阔了眼界、提升了理念，为日后

杨浦区委区政府大力支持引进国际品牌，合力打造国际智慧城

新江湾城的设计规划和开发建设奠定了有益的基础。

　　紧接着，2004 年 3 月，应 HAMES SHARLEY 建筑师事务所之邀，以新江湾城工程建设指挥部副总指挥俞卫中为团长的三人考察团又对澳大利亚、新西兰进行了考察。考察团考察了新江湾城体育中心设计单位并与建筑师沟通了阶段性设计成果，其间还与新南威尔士州政府体育局官员就中澳合作建设经营新江湾城极限运动中心项目进行了会晤，并考察了 DBI 建筑事务所的游艇港、悉尼奥林匹克及大型 SHOPPING CENTRE。考察团还专程参观了位于奥克兰的滑板运动场，了解了滑板运动场的建设场地布局、规模等。其实，后来新江湾城滑板项目的引进和复旦新校区的一些规划建议，就是从这里开始的。

　　从此以后，在市城投总公司的大力支持下，新江湾城工程建设指挥部，先后安排专业人才、施工一线的人员去美国、欧洲、日本等地学习，有意识地拓展开发、建设的视野，开阔思路，提供向专家学习和合作交流的机会。

　　这里就有一个很生动的故事，拿新江湾城路灯杆来说，简单地用现有国内千篇一律的路灯杆，不符合新江湾城"21 世纪生态型、花园型城区"的超前设计理念，怎么办？在一次出国学习考察期间，总工程师葛清曾留意到国外将交通信号灯、照明灯、道路指示牌和多媒体信息显示屏集于一身的一体式路灯杆，顿时眼睛一亮，但他知道，要是从国外进口，不仅造价高，而且周期长。为此，他决定依靠丰富的实践经验和专业知识，整合国内先进设计资源，自行设计出符合新江湾城设计理念和要求的路灯杆。他迅速搜集了多次出国考察时拍摄的各国不同样式、不同功能的路灯杆图片，收集路灯及国内有实力的路灯生产厂家，对新江湾城所用路灯的功能、式样迅速进行研究定位，最终经过反复数次修改、优化后，终于设计出了一杆多用的路灯杆，成了新江湾城特有的知识产权。如今，一走进新江湾城，一排排整齐的路灯杆，已经成为了新江湾城一道亮丽的风景线。像这样的例子，在新江湾城的开发过程中还真不少。

2. 建一流城区必塑一流团队

要创建一流城区，就必须塑造一流团队。

在新江湾城工程建设指挥部成立初始，市城投总公司的领导就曾语重心长地对指挥部党支部班子讲过："新江湾城工程建设指挥部作为上海成片土地开发的实践者，一定要出成果、出经验、出人才。"

如何关心好、使用好、培养好青年骨干，最大限度地发挥好他们敢打敢拼、敢于创新的特点，是放在指挥部党支部面前的一个重要课题。把人才用好了，对新江湾城来讲就是一个巨大的财富，如果用不好，不光是人才的浪费，更是对新江湾城事业的不负责任，对城投事业的不负责任。

培养青年技术骨干，就要敢于放手压担子，让他们敢于承担风险、敢于承担责任。因此，必须根据他们不同的特点，设计不同的培养线路，帮助其快速成长。比如说总师室这支团队，在技术工作开展阶段，总师室起着一定的组织作用，要和有关部门一起按照相应的工作流程，制定合理的工作计划，有效控制工作节点，努力把握工作质量。在动态服务中，应该为项目的建设提供高效、有力的服务，因此，能否与现场管理人员一起有效地解决技术问题，破解技术难题，提供合理的技术措施，是一个巨大的挑战。

新江湾城的规划方案，曾经广泛征集过国内外许多著名规划设计单位的方案，其中四家外国设计方案很有特色，起点高、立意新，获得过专家的较高评价。但外方规划方案也有其不足之处，在用地、市场发展、总体布局中，并不完全切合新江湾城实际情况。为此，总师室担当起将国外规划设计方案"本土化"的重任。有着同济大学硕士、博士学位的技术人员，在制订新江湾城开发前期规划的基础上，吸取了外方的优点，又结合新江湾城的实际，与大家一起，反复研究，精心思考，制订出了具有本土特色的方案，受到了市领导的较高评价。"对外国经验，我们不照搬照抄，一定要保证开发者利益，让美好的理想变为现实。"这是新江湾城开发者的心愿。

随着开发建设全面推进，复旦大学江湾新校区的开发建设，新江湾城街道的适时成立，为新江湾城综合开发带来了新的机遇和挑战。如何加强区域合作、积极开展"城区、社区、校区"的三区融合、联动发展，已成为各方共同的发展要求。新江湾城指挥部党组织搭建平台、创新思路，突出聚焦新江湾城的工作主线，主动与杨浦区政府就新江湾城综合开发与管理签署战略合作协议，建立双月沟通机制，通过党建共建，形成"优势互补、资源共享、相互联动、共同发展"的区域性工作新格局；同时还和新成立的街道、复旦新校区、空军上海房管局建立了定期的四方联系会议制度，充分发挥四方党组织在社区和城区的建设、管理和服务中的职能。

走出去，学习交流

搭建平台，提前介入。这是新江湾城开发管理中"三区融合"的新亮点。随着开发进程的推进，新江湾城社区综合党委、四方联席会议、城区管理工作研讨会、项目联合党支部、社会治安综合治理领导小组等平台相继建立，定期召开会议，共商管理思路、明确管理范围、制定管理措施。同时，在安全生产管理和廉政建设方面，新江湾城指挥部党组织也主动与区安全生产监督局和区人民检察院建立共建关系，依靠专业力量来指导、督促新江湾城大基地、大开发的工作，及时建立安全生产、廉政建设的制度和组织网络，提高建设开发过程中的安全生产意识和拒腐防变的能力。一个全新的城区开发模式在这里演绎，一曲创建和谐城区机制的美丽乐章在这里谱写。

设计载体、融汇活动。新江湾城指挥部党组织始终坚持与项目的建设挂钩，聚焦城区建设，积极开展团队建设活动，每年提出一个主题，比如：2004 年推出"团队精神年"、2005 年"团队文化

城投置地集团与街道党工委、空军房管局联手开展党建活动，推进区域性党建工作

年"、2006 年"团队创新年"，先后开展"我是党员我承诺""党员亮身份""做表率、争优秀"等主题教育活动，设计载体、融汇活动，比如我曾撰写的《风雨五年路》、徐可撰写的《窗前的林子》，都出自于党建活动。党组织还每月组织党员参与地区美化环境、平安社区和擦亮新江湾城窗口形象等党员志愿者活动，在"新江湾城国际安全社区"和"联合国低碳化社区"等重大创建活动中做了大量的工作，推进了社区的精神文明建设。

从新江湾城开发建设的初期，新江湾城指挥部党组织就积极主动联系街道（筹）和部队，主动推出军政企三家共建，积极开展帮困送温暖活动，结对帮困，定期走访慰问辖区内的老党员、老干部，以及经济条件较差的重病患者。这里的故事很多很多：我记得当初大约是 1998 到 1999 年间，从小患有小儿麻痹症的郑雯雯是驻江湾机场某部队现役军官的子女，父亲在部队服役，母亲一个人在家，既要工作又要照顾孩子，且每月的医疗费用很大，对家庭生活带来很大影响，街道知情后，提出由我们三家共建单位资助这个家庭，于是我们三家单位的党员经常主动上门关心，帮助解决困难，每逢过年过节就送去慰问金，一直坚持了数年，尽管期间党组织人员有些变动，但这件好事却是一棒一棒传承下去的。到了第五年，小郑以全校总分第一的优异成绩考取了上海交大附中，三家单位的党组织领导一起到她家去慰问祝贺，我记得当时的《新民晚报》和《劳动报》都作了宣传报道；又比如，新江湾城地区有个知青子女孙佳奇，2005 年考进了上海立信会计学院，家里又喜又忧。忧的是她父亲每月仅有 614 元退休工资，母亲是农业户口，并患有类风湿关节炎，维持生计都显得困难，佳奇 4 年的大学学费无疑成了他们家庭的沉重负担。当新江湾城指挥部的领导得知此事后，主动与街

帮扶助学

道联系，俞卫中、周浩两位党员干部商量由他们两个人来结对帮困助学，主动邀请佳奇来指挥部，和她签订了帮困助学协议，承担佳奇部分学费。四年后，佳奇毕业工作，特地来信感谢城投置地，并表示自己会将爱心帮困的接力棒传递下去，回报社会。

新江湾城指挥部党组织，每月组织党员参与地区美化环境、平安社区和擦亮新江湾城窗口形象等党员志愿者活动，在"新江湾城国际安全社区"和"联合国低碳化社区"等重大创建活动中做了大量的工作，推进了社区的精神文明建设。2010年，新江湾城指挥部党支部荣获"上海市五好基层党组织"的荣誉称号。

数十年新江湾城的开发和建设，确实也锻炼和培养了一大批人才，他们带着对事业的无限热爱，不断描绘着新江湾城的美好未来。这里，既有获得过全国五一劳动奖章、上海五一劳动奖章、上海市三八红旗手的先进个人，也有获得全国工人先锋号、上海市学习型班组等国家、市级荣誉的模范集体；这里，不但培养了一大批开拓进取的专业干部，也走出了一批能干事、干成事的领导干部，如上海机场集团副总经理戴晓坚、上海城投集团副总经理周浩、上海城投资产集团总经理胡剑虹、杨浦区规划局党委书记戴虹、太保集团养老产业集团副总经理葛清等……

3."虚拟组织结构"的运用实践

新江湾城建设，既要管好用好9000亩土地，又要进行土地转让、开展市政基础设施建设，还要筹划房产开发等，任务相当艰巨，工作压力山大。

在具体运作过程中，作为项目执行层的新江湾城工程建设指挥部，既要保证项目建设和管理，又要考虑项目阶段性的特点，不能一下子引进过多的人员，给上海城投今后的人力资源管理带来困难，因此，在人员配置上必须遵循"必需、合理、专业"的原则，将人数总量控制在 30 人左右。那么，怎么去解决工作量大、人手少的矛盾呢？新江湾城的建设和管理者，做了很多探索和实践，进行组织结构的创新，充分利用市场经济条件下的市场细分、行业细分，既加快开发步伐，又减少人力投入。

引进并且运用"虚拟组织结构"势在必行。

现任上海城投副总经理的周浩，当初在新江湾城工程建设指挥部时，曾经总结过"虚拟组织结构"在新江湾城项目的实践运用。

通过系统布局，我们先后搭建虚拟组织平台 6 个。

工程管理平台。针对新江湾城施工作业面大、指挥部人员少、专业面不全的特点，在市政、景观、水系、审价、投资监理五大类上分别引进了 5 个子平台：在市政上，引进了城建集团；在景观上，成立了由原绿化局局长胡运骅领衔的工作室；在水系上，引入了水利投资公司；在审价上，引入了联合咨询公司；在投资监理上，引入了审建监理公司和振泓监理公司，协助指挥部的工程管理部和财务审计部实施工程全面管理，使指挥部在不增加核心人员的前提下，基本满足了施工建设和管理的需要。

市场推广平台。将整建制的市场推广部直接委托金丰易居实行管理，发挥专业团队在市场推广、事件策划、大型活动组织、流程接待等方面的经验和优势，为新江湾城品牌建设服务。

城区管理平台。充分依托新江湾城街道所赋予的政府管理职能，委托街道对城区综合治理、安全生产、卫生防疫、安全保卫等部分职能实施管理，发挥街道组织的积极性，发挥好指挥部与街道各自的优势，使城区管理水平有了较大的提高。

法律法务平台。针对新江湾城项目合同多、类型复杂、涉及面广等特点，引入华诚律师事务所平台，对指挥部对外合同的签订实施严格的审核，在形成由实习律师、专业律师、律师顾问团组成的三级管理体系的同时，严格合同管理，确保新江湾城对外签订合同的严密性和管理的有效性。

档案管理平台。引入市城建档案馆，采取现场直接服务的方式，对市政、景观、水系等大量市政建设资料进行现场收集，归类、整理后直接进档，有效地防止了资料的缺失，提高了项目档案管理水平。

综合管理平台。按照市场化原则，委托置业管理公司实行专业化管理，将后勤管理这一块从指挥部日常工作中剥离，不仅提高了后勤专业化管理服务水平，也使指挥部综合办公室能在更高的层面上思考问题，提高组织协调能力。

通过以上 6 个平台的搭建，在新江湾城指挥部人员相当紧张的情况下，充分利用社会力量参与新江湾城的开发管理，既满足了项目建设的需要、有效地控制了人力成本，又带来了新的理念和新的管理方法，为新江湾城开发起到了推进作用。

4. 留下一串串坚实的足迹

春有花开、夏有荫、秋有果香、冬有景，当一座凝聚了全体员工智慧和心血的生态型、知识型花园城区美景呈献在你面前的时候，也别忘了曾经有过一支年轻的工作团队，在新江湾城留下了他们坚实的足迹——

新江湾城工程建设指挥部工程管理部肩负着新江湾城市政道路、园林绿化、河道水系和城区管理等方面的工作，在指挥部的带领下，工程管理部全体员工以提高建设和管理综合水平为起点，狠抓工程质量和工程进度，使新江湾城路网体系逐步形成，河道水系基本贯通，总体面貌焕然一新，得到了城投总公司的充分肯定，也获得了很多荣誉。

在 2006 年第二期的《城投置地》报上，曾经刊载了工程管理部的同志们在 2005 年间所做的点点滴滴——

景观工程是工程管理部 2005 年的亮点工作。全年完成公共景观绿化 41.5 万平方米，生态源改造 100 亩，其中，新江湾城公园、生态走廊一期、文化中心、体育中心种植绿化共 25.23 万平方米，淞沪路和殷行路等道路周边绿化 16.2 万平方米。如今，从淞沪路进入城区，一路上可以看见挺拔高大的乔木，郁郁葱葱的常青树，把这座新城点缀得分外妖娆。为了这条路，工程管理部倾注了集体智慧和汗水，他们知道，搞好该路段的绿化，其意义不仅在于美化了城区环境，更重要的是为城区装扮了一扇靓丽的展示"窗口"。在这段道路的绿化景观工程实施中，工程部依靠专家，整合资源，并进行了工作创新，实行设计、施工的一体化招投标，减少了中间环节，提高了工效，绿化质量也有了确切保障。他们还组织三个标段开展了标段竞赛，通过实行苗木质量竞赛、工期竞赛等手段，比出了质量，提前了工期，取得了较好效果。如在引进一种叫杜英的常绿树苗时，施工单位决定向苗木最优单位进货，从而确保了苗木质量。

市政配套是开路先锋，工程管理部和上海建设工程管理公司、城建集团市政一公司等密切配合，一方面加速工程进度，一方面主动做好分外事，经过努力，完成市政道路 13 条共 19 公里，架设桥梁 17 座，完成桥梁上部结构装饰 15 座，城区市政路桥网络全线贯通；建成 22 万伏、11 万伏电站并投入使用；完成市政道路管线配套工作，路灯、信号灯、交通标牌标线全部完成，为其他项目施工做了铺垫、开了路。

新江湾城内的水系面积占城区面积的 8.7%，总面积达 40 万平方米，为在汛期到来前完成全部水系施工，工程管理部的同志始终以"负责、求实"的精神严格要求自己，不断钻研水利方面的专业知识，不断在实践中取得进步。目前，新江湾城内的景观河道及排水河道已全部开挖完毕，30 立方米 / 秒的清水河泵闸等三座水泵也已建设完成，全城区的水系已通过初步验收。景观河道水系工程、老清水河改造工程，达到了预定目标，通过了验收。

此外，在配合做好复旦大学百年校庆组织工作、完成 SMP 极限运动比赛的设备安装及赛事组织工作，配合地铁 10 号线开工等方面，工程部也做了大量工作。文化中心外墙有一个较为复杂立体曲面，艺术性很强，虽然有设计图，但表达仍有困难，更不要说把它做出来。为了做成这个曲面，工程部的同志到现场与设计、施工、管理人员共同商讨方案，发挥集体智慧，在多次实验后，终于建成竣工，为文化中心添了彩。

为确保按时完成市政道桥建设，为土地出让及下半年举行的 SMP 赛事创造良好条件，工程管理部通过带领三个标段的项目负责人展开各标段之间的工程建设竞赛，充分调动员工的创造性和积极性，通过实行分段施工、交叉作业等方法，想方设法创造施工条件，合理安排施工时间，协调解决施工问题，使忙碌的工程施工有条不紊地进行着。随着 13 条市政道路的路面摊铺、道路绿化和 15 条桥梁架设以及桥面装饰工作的先后完成，大家一次又一次地凸显了无私奉献精神。

为达到新江湾城"绿色生态港"的定位目标，工程管理部同志和绿化项目负责人一起，在生态走廊段绿化工程中，根据现场情况，提出将原机场废墟和遗留物深埋于地下进行造坡，使该段绿地形成了 5 个高低起伏、形态优美的小山坡，丰富了绿化景观效果。同时，向胡运骅工作室等沪上一流的绿化技术专家学习，将工作室专家们的建议与新江湾城的建设融会贯通，提高了新江湾城绿化工程建设的质量和水平。在淞沪路道路景观绿化工程中，提出了设计施工一体化招标的新方法，充分调动绿化施工企业的主观能动性，收到了较好的效果，并得到了总公司领导的认可。截至目前，共完成绿化施工面积 41.5 万平方米。淞沪路绿化工程在 2005 年上海市绿化评比中，园林专家们称其为"上海第一路"。

其间，新江湾城建设者还一次次谱写了"军民团结如一人"的诗篇，"军地携手排涝，共铸鱼水深情"是其中一个感人的故事——

2005 年 8 月 5 日，"麦莎"台风来临后，虽然部队组织了全力抢险，但 8 月 6 日晚上的连续暴风雨，已经超出了其自身的排涝能力，再加上两台排水机中其中一台突然停机，无法正常工作，造成了该地区严重涝情，500 户租赁户和临时建筑浸泡在水中，平均积水 10 厘米，最深处达 80 厘米，10 多户临棚倒塌。灾情就是命令，新江湾城指挥部罗炯宁等两位党员，在 6 日凌晨得到求援信息后，立即赶到现场，会同街道一起商量排涝方案，排除险情。他们一方面调动指挥部备用的 4 台潜水泵将水排入淞沪路东侧的我方城区河道内，一方面联系打开该地区排水系统的小吉浦水闸实施降水措施，同时请专业人员帮助尽快修复那台损坏的排水泵，经过 30 多小时的连续奋战，水终于被抽干了，被淹的住户基本恢复了正常，并且确保了整个城区免遭水患。部队领导紧紧握着指挥部领导及罗炯宁等同志的手，久久说不出话来，脸上都露出了胜利的喜悦。

在新江湾城工程建设一线，一个又一个的"拼命三郎""绿化使者"，唱响了一曲又一曲的壮歌……

5. 培育劳模、青年创新团队

上海城投有很多国家级以及市里的重点项目，其中 3 个项目特别光彩夺目，那就是"最高的"上海中心、"最长的"长江隧桥、

"最绿的"新江湾城。

当时城投总公司及置地集团的主要领导对我说："赵勇，你是新江湾城开发的老同志，在团队建设、培养年轻人才方面要多担当、多思考一些。"按照领导的要求，我结合项目建设的情况和业务发展的要求，多思考、多探索，主动跨前一步，抓紧培育一支"内有凝聚力、外有亲和力、提高学习力、集聚创新力"的技术团队，坚持以"工程创精，管理创先，科技创新，队伍创优"为目标，把"最绿的"这篇文章做好。

我深刻意识到，随着新江湾城的开发进入到关键的攻坚阶段，项目多，人才紧缺，迫切需要技术骨干挑起重担，成片土地的开发没有现成的模式，绿色生态的保护和利用同样需要创新，同济一附中高级中学、上海音乐学院实验学校、中福会幼儿园总部等高品质

培育先进，荣获城投总公司"劳模先进创新工作室"称号

教育园区的建设，十几个项目的施工图纸如果堆起来，可以堆满整间的办公室，每当下班时，除了继续留守办公室挑灯夜战的人，总能看到一批技术人员捧着厚厚的图纸往车上搬，那些都是他们的"回家作业"，他们把产品当作品，用心、用情、用智，把产品做精，发挥各自专业特长对项目开发建设过程中的各个关键节点加以控制，确保了高起点、高质量和高水平的项目品质，硬仗是打完一场接一场。沉重的工作担子、繁忙的工作任务、骄人的工作业绩，大家有目共睹，在他们看来，这是获得了更大的人生舞台，是找准了人生的坐标。

于是，我在日常工作中更加注重与年轻员工的交流，倾听他们的心声，注重挖掘他们的先进事迹，通过《城投置地报》，以及主流媒体，及时宣传和挖掘他们的优秀事迹和团队的闪光点。在党组织的培养与推荐下，年轻的博士后胡剑虹连续两年被评为上海市国资委系统优秀共产党员。一花独开不是春，百花齐放春满园。我们的队伍中需要更多的像胡博士这样的优秀技术人才。于是，我主动走出去，向兄弟单位学习，与城投集团工会、市总工会联系，邀请各方领导专家前来我们基层参观交流、调研指导，帮助我们出主意、献计策。在他们的启发下，2007 年，置地集团第一个由市国资委系统优秀共产党员胡剑虹博士后领衔的绿色低碳住区创新工作室成立了，我记得这一天，城投集团工会主席徐文因为要参加市总工会的会议，特地委托副主席王吉和置地集团董事长俞卫中为劳模创新工作室挂了牌。

为了让这个劳模创新工作室能更好起地到培养人才、典型引路的作用，作为工会主席，我又主动出面积极与行政沟通，为劳模创

市总工会领导指导劳模创新工作室工作（蒋申夏　摄）

新工作室创造有利条件，把三楼的一个小会议室打造成先进创新工作室。在党政班子的支持下，这个先进创新工作室，在新江湾城的开发和城投房地产板块的发展过程中，起到了积极的作用，培养了许多年轻的人才，获得了方方面面的认可，得到了市总工会基层工作部、经济工作部的指导和帮助，这个先进创新工作室后来逐步扩大，成为城投集团劳模创新工作室发展到有 14 名一线技术骨干组成，专业涵盖规划、景观、工程管理、历史建筑保护、环境设计等7 个专业的劳模创新工作室，下面还增设了一个青年创新实验室和一个数字信息化实验室，并推荐申报上海市劳模创新工作室。

数年来，这支劳模先进团队，始终坚持一手抓建设、一手抓总结，十分注重项目攻关，先后获得重大奖项 7 项及专利 3 项、上海市企业管理现代化创新成果奖两项，培养出张辰、周淮、马雁、林挺等一批青年人才，也为世博会、上海中心大厦等重大工程建设一线，以及各兄弟单位输送了一批又一批的技术人才，胡剑虹博士后获得了全国五一劳动奖章，青年技术干部张辰、房产营销人才罗炯宁也先后获得了上海市五一劳动奖章，项目经理任志坚获得上海市立功竞赛建设功臣荣誉称号，女工程师马雁获得上海市三八红旗手称号，这批优秀人才在以后的上海建设卓越全球城市中留下了他们更坚实的足迹……

第七章 "沪上新景点"姿容初现

1. "绿色生态港、国际智慧城"初现

在"绿色生态港、国际智慧城"的开发命题下，城投新江湾城的建设者积极探索"先地下后地上、先环境后建筑、先功能后居住"的熟地开发模式，以"尊重自然、保育生态、追求人与自然和谐"的理念，以高绿地率为基础、绿色走廊为脉络、生态保护与生态恢复相结合，通过市政基础设施开发、生态环境系统构建、交通商业文体设施配套，全面打造 21 世纪上海最优质生活区。

尤其是在这片土地上的基础设施项目充分体现了人性化的多层次梯度表达，包括形成了以满足老年人需求为主的中央公园，满足中年人需求为主的笼式足球场，满足青少年需求为主的 SMP 滑板公园，满足儿童需求为主的安徒生公园，满足亲子家

庭生活需求的生态走廊等多层次景观设施链；形成了以机动车、公交、人行休闲等多元化的低碳交通设施组合，同时优化了道路断面，提高了道路绿化覆盖面积，构成生态优美的慢行交通体系。共建成殷高路、淞沪路、江湾城路等主要道路约 20 条，总长超过 27000 米。完成了新江湾城河道水系工程、F 区河道水系工程；建成了公共绿化整体工程、F 区绿地等项目；引进了中国移动作为智能化合作伙伴，整个城区率先实现了千兆到楼、百兆进户的智能网络铺设。

2005 年 1 月，新江湾城生态展示馆迎来了一批客人——谷超豪、吴孟超、范洪元、陈吉余、江东亮、王迅、戴复东、陈桂林、姚熹、张友尚、项海帆、胡和生、陶瑞宝、林尊琪、杨雄里、李瑞麟等 34 位两院院士。在听取了新江湾城指挥部有关建设情况汇报后，两院院士们不仅表达了他们的赞赏之情，并欣然挥笔，在现场一一签名留念，为新江湾城留下了宝贵的文化财富，也留下了他们对新江湾城建设的殷切期待。

记录城市中最优质的生活区，展示"绿色生态、绿色城区"建设成果，一个 300 枚镜头一起聚焦新江湾城的场景同样也是令人鼓舞的——

2006 年 4 月 29 日，新江湾城公园。彩旗飘飘，人声鼎沸，一场主题为"绿色生态、绿色城区"——新江湾城生态建设成果（合生创展杯）摄影比赛在这里正式开拍。来自市绿化委员会办公室、市风景园林学会、市摄影家协会、城投新江湾城工程建设指挥部、新江湾城街道、上海珠江投资有限公司等主办和承办这次活动的单位领导与全市百名摄影家、百名摄影爱好者、新闻记者出席了开拍仪式并进行了自由创作。

在为期 10 天的摄影创作期中，300 多名摄影家和摄影爱好者奔走在新江湾城的每一个角落，以他们独有的视角，聚焦新江湾城，用瞬间的艺术展现生态型城市建设的进程及阶段性成果，传播"尊重自然、保育生态、追求人与自然和谐"的理念。

以"绿色生态、绿色城区"为主题的新江湾城生态建设成果摄影比赛结果，在 2006 年"七一"前夕揭晓。通过上海市摄影家协会组织的专家评审团 11 轮严格初选、复评和终评，最终从全市 1730 幅优秀的参赛作品中，选出了 75 幅入围作品，其中，10 幅为等级奖作品、5 幅为佳作奖作品。城投置地（集团）公司有 4 幅作品入围，其中《生态走廊》获三等奖。获奖作品形象地展现了新江湾城生态保护、生态恢复、生态建设、人与自然和谐、活力新江湾等主题。

2006 年 8 月 4 日，由市绿化委员会办公室、市风景园林学会、市摄影家协会主办的以"绿色生态、绿色城区"为主题的新江湾城生态建设成果摄影比赛闭幕暨摄影展开幕仪式在新江湾城文化中心举行，主办、承办、协办单位领导及获奖摄影者 50 多人出席了简短而又隆重的仪式，为期 3 个月的摄影比赛落下帷幕。仪式结束后，大家兴致勃勃地参观了在文化中心展示厅的摄影作品展览，仔细观看了从全市 1730 幅作品中精选出来的 75 幅摄影作品，当与会的作者得知自己的作品将被长期在文化中心展出时，欣喜之情溢于言表，纷纷表示，今后要继续关注新江湾城的建设，聚焦新江湾城，为新江湾城再创作更多、更美的作品。

大家也相信，通过这次摄影大赛，特别是摄影作品的展陈和摄影集的出版，将吸引更多的人走进新江湾城，走进城市中最优质的生活，使上海市民更广泛、更形象、更深刻地感受到上海生态城市的建设进程。

2. 形成"大地产、小房产"开发模式

新江湾城土地综合开发模式终于形成。

上海城投公司坚持贯彻科学发展观，落实科教兴市主战略，创新城市发展开发新思路、新机制，在新江湾城的开发中摈弃了原有的生地出让并由开发商从生地开发至房地产商品销售一揽到底的模式，采取了"大地产、小房产"的做法，所谓大地产就是生地的综合开发，小房产就是熟地转让后的房屋建造与销售，取得了很好的示范效应。

2005年底，上海城市发展研究中心专门组织了一个大课题组，写了《上海房地产开发管理模式的创新研究》一文，以新江湾城为例，总结和提炼了"大地产、小房产"这一先进的城市房地产开发模式——

城市房地产开发是一项系统工程，同时包含着方方面面的利益，其中有政府的公共利益、开发商的企业利益、消费者的个人利益等。为了协调这些利益，采用什么样的开发模式就十分重要。通行的先进做法是"大地产、小房产"。

"大地产、小房产"按专业化分工形成开发链。这个开

发链的各核心环节是土地的综合开发（生地→熟地），构筑物营造，商品销售和物业管理，与此相对应的开发主体是地产商（一级开发）→建筑营造商（二级开发）→房地产营销商→物业管理商。在这个开发链中，地产商是龙头，其除了完成生地变熟地（综合开发）的过程以外，很重要的就是根据土地受让合同的要求贯彻政府的意图，保障一部分公共利益，因此房地产开发中利益协商的枢纽在大的地产商。

　　大地产商受让土地以后，根据受让合同中的要求，以及市场的情况，对土地进行规划和七通一平。土地的综合开发是成片土地由生地变熟地的过程，规模较大，因此能够较单块土地开发产生更大的规模效益，支付更低的成本。土地的综合开发改变了土地利用的综合环境，使其增值潜力得以提升，不仅可以使土地投入市场后取得更大的回报，并且通过市场配置让有限的土地资源发挥更大的效用。同时，可以通过这种模式的推广催生若干大地产商，促进房地产市场主体结构的调整。

推进新江湾城土地综合开发模式的实践，体现了"大地产、小房产"的特质及效应。

模式的内涵。现行的新江湾城土地综合开发模式，是一个由政府进行理念和定位指导，一级投资开发商编制高水平规划，建设高水平基础设施将生地变成熟地，二级投资开发商通过投标取得土地使用权并按照规划的要求建造地上建筑物的开发模式。其中的核心，就是科学的定位，规划的统一与高水准，以及基础设施的综合开发。因此，一级投资开发商在这个模式的运行中发挥着核心作用。

模式的特点。根据现有情况分析，新江湾城土地综合开发模式的运行是正常的，这得益于其以下特点的支撑。

一是对特殊的动迁对象采取了特殊的运作方式。针对军事设施的动迁，上海采取了供地补钱双管齐下的方式，使得原来的军事用地顺利转性为城市建设用地；二是创新了一个开发范式，即对房地实行分离式开发，土地由一级开发商进行综合开发，然后在规划指导下切块搞房产开发，从而提升土地的市场价值；三是正确把握土地的供给时机，在上海房地产市场的繁荣阶段推地上市，使其产生最大的经济效益。从批出的地块看，出让收入除上缴政府外剩余的部分，既可抵偿购地成本和基础设施建设成本，并且还有一定的盈利；四是选择了一个强有力的一级投资开发商，并且建立起新型的政府与企业的合作关系，从 1998 年起上海城投公司作为一级投资开发商直接从事新江湾城土地的综合开发，把大批土地通过七通一平变成熟地，并且营造了诸多景观，包括景观绿地、景观河道等，不仅展示了上海城投公司作为上海城市投资建设领域"航空母舰"的实力、能力和竞争力，并且同政府建立起互信、互助和互动的新型合作关系；五是科学定位，高起点规划为新江湾城土地综合开发的全面展开奠定了坚实的基础。科学定位和高起点规划，一方面体现了政府的价值取向，另一方面为这片土地注入了全新的概念从而将土地的综合开发提升到一个较高层次；六是塑造开发品牌，培育新江湾城土地综合开发的软实力，为以后熟地的出让打下了良好基础。

模式的效应。新江湾城土地综合开发模式是一个较为成功的城市成片土地开发和上市模式，具有高起点集约式开发的特征，因此，产生了相应效应。首先，体现了政府意向和实现市场目标的有效结合，为城市土地的成片开发形成一套运作规范和标准；其次，培育了有实力的一级投资开发商（大地产商），保证开发区域的协调发展，不仅可以解决各类设施配套滞后的问题，并且能提高城市形态、产业业态和发展生态的协调性，开创和谐社区创建的新路径。

上海城投公司在新江湾城项目的实践，证明了"大地产、小房产"的模式既可以提高开发的集约度和整体水平，也能够在土地的综合开发中促进一级开发商的发展，增强开发能力和竞争能力。

3. 架构"五个统一"开发总体框架

2005年，时任城投总公司副总经理、新江湾城工程建设指挥部总指挥孔庆伟就在《城投论坛》撰写了《以创新理念提升新江湾城开发品质》一文，文中指出：新江湾城熟地开发的一系列工作，是在"五个统一"（统一规划、统一配套、统一招商、统一管理、统一推广）的总体框架下开展和推进的。

统一规划。实施熟地开发之前，上海城投聘请了境内外知名设计单位对新江湾城进行了统一的结构规划、城市设计和控制性详细规划，为整个新江湾城的未来发展设定了宏观层面的框架。在此基础之上，又进一步落实了水系、供水、排水、电力、煤气、环卫、交通、信息等八大专业系统规划，为城区开发提供了可实施的方案。

经过统一的规划之后，针对地产运营项目形成一整套控制性指标，这些指标将成为新江湾城后续开发的指导。

统一开发。新江湾城的统一开发主要包括三个方面的内容，即土地开发、功能开发和形态开发。事实上，这三个方面的开发可以概括为三句话，即"先地下后地上，先配套后居住，先环境后建筑"。

"先地下后地上"的土地开发，是在专业规划的基础上，对新江湾城城区内的水系、道路、桥梁等基础性设施的开发，使新江湾城的土地实现熟地的基本形态，这是新江湾城的土地由生地向熟地转化的第一步。

"先配套后居住"的功能开发，是在基础开发的基础上，为城区配置相应的生活配套系统。新江湾城为城区居住人群设置了地区级的文化中心、体育中心，并配套了从幼儿园到高级中学的教育体系、高标准的城区卫生中心、邻里服务中心、地区级商业中心和行政、治安、福利、道路交通等公共服务设施。

"先环境后建筑"的形态开发，是对城区内绿化、景观、地形、地貌的构建和开发。

统一推广。有别于一般的房地产开发项目，新江湾城作为一个熟地开发项目拥有整体的形象，上海城投根据拟推广土地的性质（商业、办公、住宅等）。对新江湾城进行了统一的包装和形象推广，提升了新江湾城整体和城区内房产开发项目的品牌形象。

统一推广的工作不仅有利于新江湾城的熟地出让，也有利于二级房产开发商的房产销售，从实际情况来看，很多潜在的购房客户就是因为新江湾城的统一推广，才进一步得知城区内的房产项目。

统一招商。完成基础的配套之后，上海城投以公开的方式向社会进行统一招商，招商的形式主要是熟地的出让。在招商过程中，根据招商地块的规划控制要求，通过企业资质、开发业绩、资金实力、专业能力等项目的过滤，以确保受让新江湾城土地的开发商具有较高的开发水平和专业能力，保障了整个新江湾城的高水平开发。

统一管理。新江湾城熟地开发的统一管理可以划分为两个层面，一是对城区内实施土地开发的相关企业的管理，二是对城区内二级房产商的管理。

通过 BT 等方式，上海城投为熟地开发引入了道路、水系、桥梁等多家专业公司，通过对这些企业的统一管理，在保证建设施工质量的前提下，有效加快了城区土地的开发进度，并控制了相关的成本支出。新江湾城作为一个整体的城区存在，但是，新江湾城的房产开发又由受让土地二级开发商分散实施，为了解决这一矛盾，在规划建设、营销推广等各方面对二级开发商进行了一系列限定，以保证二级开发商的开发行为符合新江湾城的整体要求，保证了城区的统一协调性。两个层面的管理又包括规划设计管理、开发建设管理、营销推广管理、社区服务管理，以及城区品牌管理等多个方面的内容。

"五个统一"的领头羊是"统一规划"。"统一规划"的确立，使得我们能够从全局的高度把控土地开发，合理设置城区内的各项功能和配套设施并有序推进，不仅减少了资源的无效配置，而且确保了土地开发的协调发展。

4. 在完美的总结中再出发

2005 年 8 月 25 日下午，时任上海市委副书记、市长韩正再赴新江湾城视察指导工作，市府副秘书长沈骏、姜平、范希平以及市府办公厅、市府研究室、市规划局、房地局、绿化局等有关领导参加。

韩正等领导在城投总公司高国富、孔庆伟的陪同下先后视察了新江湾城道路、水系、绿化等基础设施以及文化中心、体育中心、生态展示馆等公建的建设情况，随后听取了新江湾城规划、设计、建设的情况汇报，对新江湾城开发所取得的成绩给予了充分肯定。

他谈到，看了新江湾城整个城区建设情况以后感触很深，新江湾城开发建设不论从规划、设计还是前期开发，其在规划起点、操作办法、运作模式等方面都衔接得很好，整个开发过程是以先进的理念为指导，其发展模式值得高度肯定，值得总结，值得推广。

他指出，新江湾城的开发绝不能用居住小区的理念来考虑，而是应该用新城开发的模式来总体规划、总体布局、总体实施，这一点城投总公司是成功的。新江湾城应当成为城市中最优质的居住区，要让人有一种居住在城市花园中的感觉，这也是我们从一开始就定下来的目标。

韩正还对新江湾城下一步工作提了几点要求，包括：在新江湾城下一步开发过程中，要把基础设施配套和文化、生态同步研究、同步实施，同时还要考虑处理好城市副中心与居住区之间的关系；城市副中心可以先期启动，特别是建设应尽早开工，一方面为缓解世博会期间缺少酒店的状况做贡献，另一方面也为完善杨浦区的功能布局出一分力，另外，住宅部分的开发也可以启动，但是，不能四面开花，要适当集中；复旦百年校庆之后，在新江湾城召开一个现场会，请各区县主要领导、政府各相关委办局领导一起参加，让大家认识了解新江湾城的开发模式，请新江湾城认真做好总结工作，从规划、设计、前期开发建设等各方面总结出几条规律性的东西，在今后类似的成规模居住区包括两个 1000 万中成规模居住区的建设中加以推广，加以借鉴，要在有效控制成本的前提下以新的开发模式建设面向老百姓的居住用房。

创新是时代的召唤，也是社会的共识。

同样值得一提的是，2005 年 9 月 5 日，时任上海市市长的韩正看到了上海城市发展信息中心《信息与研究》第 13、14 期刊出的《创新房地产开发模式的成功杰作——"新江湾城"大地产小房产开发模式的研究》一文，阅后做出了这样一个批示："《创新房地产开发模式的成功杰作——'新江湾城'大地产小房产开发模式的研究》的文章，以新江湾城的成功开发为案例，提出了符合上海实际，有利于实现城市建设持续发展的观点和思路，总结有深度；政府必须对土地实施'垄断'管理，科学调控；实现节约利用、集约利用土地。"对新江湾城房地产开发模式的创新进行了进一步的肯定。

新江湾城从而实现了"三年成形、五年成势、十年成城"的总体工作目标。

校园暮色（冯忆燕　摄）

浦江一湾

追梦

新江湾城发展核心阶段：在新江湾城成片土地开发中领先性地实施规划升级和启动三个阶段开发，实现空间功能和公共资源的均衡化配置，达到土地综合利用的目标，建成宜居宜业宜创的国际化、智能化、生态化社区。

第一章 "第三代国际社区"的全面打造

1. 国际社区的由来和发展

国际社区，一般是指参照国际化标准建设和管理，以城市居住区为基础，以开放型社区为依托，具备现代化的城市形态、齐全的公共服务设施、融合亲和的区域文化、安全便利的人居环境的集中居住区。境外人士户数比例通常在 20% 以上。

作为国际化社区的房地产项目，应能充分体现三个方面的价值：一是经济价值，通过打造一个与国际接轨、高起点、高品质、科技含量高的成熟国际化社区的持续努力，使其体现出很高的经济含量；二是社会价值，能与上海这个正在发展中的国际大都市地位相吻合，从而成为记载上海发展的一个标志性建筑群；三是人文价值，尽可能有机融合东西方建筑文化的精髓，形成一个良好的、具有国际背景的社区文化。

有人曾经这样盘点上海的三代国际化社区。

虹桥古北是上海第一个国际城。80 年代诞生的虹桥开发区曾一度成为上海改革开放的标志，它是中国面积最小的国家级开发区，也是经济效益最高的开发区。随后，古北新区也于 1986 年启动建设。古北离虹桥机场近，方便更多国际友人来此活动，于是，越来越多 500 强外资企业带领大批高净值人群来此定居，产生虹吸效应，商业、企业、高净值人集中聚集，经济、规划、人口、产业全面配合，塑造了一个首代国际社区——虹桥古北。

陆家嘴板块的联洋是和虹桥古北同步成长的国际社区。90 年代初，国家级经济技术区与金融相聚合，聚合点就在上海，上海打出金融中心牌。在陆家嘴的环形商圈下，商业综合体、著名景点、公共绿地、摩天大楼 4 个体系环环相扣，为商圈的运营之道提供了难以复制的范本。作为新一代国际社区的崛起，尽管参照的是美国纽约中央公园的规划，但在事实上却是沾了陆家嘴金融中心扩张福利的光，又因为当代、中邦、虹桥、仁恒、正大等国内外品牌开发商云集，联洋配套成熟，国际化生态宜居社区价值凸显，而其交通比古北甚至很多市中心区域更为便捷，因此，逐渐成为上海面积最大的涉外聚居区，支撑起"第二代国际社区"的美誉。

新江湾城之所以被称为第三代国际社区，因为与前两代国际社区在外籍人群聚集和产业带动基础上形成不同，新江湾城是依靠自身优越的生态环境、规划标准、产业基础、生活配套等基因，社区建设品质和管理模式与国际标准及趋势接轨，而被市场认定的一个高品质居住地。第三代国际社区在形成基础上更能体现国际社区高品质的内涵，更能体现当下低碳环保的国际趋势，使来自不同国家、不同背景的人士更能和谐地生活在一起。当然，要真正做到人人都称颂的第三代国际化社区，仍需要潜力磨砺和持续发展。

2. 新江湾城居民话说"国际社区"

相对于《话说"首府"》的文字的奢华，以加州水郡为起点而铺开的关于国际社区的叙述则平易得多。

加州水郡是一座新式楼盘，是上海城投和美国汉斯地产联手建造的，正对着新江湾城公园。

新江湾公园是一个开放式公园，坐落在新江湾城的数家楼盘中间，四周围着一圈低矮的栏杆，里面绿草如茵，树木错落，地方不

加州·水郡

是很大，但很精致，看上去赏心悦目。时值 7 月，上午 9 点多，虽是炎炎夏日，可昨晚的一场豪雨将暑热浇透，让人顿然感觉凉快了许多。西边，有处儿童游乐区，草坪上，很多宝宝在玩，还有一些在滑滑梯，欢声笑语穿透而出。不远处，有湖，周边的树木高大，树荫成碎状地洒下，行走其间的人，脚步略显轻快，带起一丝一丝的小风。家门口有这样一块天然的生态氧吧，早锻炼的人很多。走出家门，呼吸呼吸新鲜空气，散散步，迈步在绿草坪上，就是一种惬意。树荫下，有人在打羽毛球，有人在练习舞蹈，还有一队穿着五彩练功服的队员，在一位上了年纪的老者的带领下，踏着松软的泥土，动作舒缓地打着太极。

浦先生就住在加州水郡里。

虽然已经 60 岁，看上去只有 50 出头，显得活力十足。据说，他是一位特别热爱杨浦的人，的确，他是一位土生土长的杨浦人。浦先生的父母兄弟姐妹，都住在杨浦区，父亲曾经在大名鼎鼎的上海机床厂工作，在长白新村、松花新村、工农新村都住过。从小，他就在江湾一带玩，在他的印象里，这里十分荒僻，有一支部队，长期驻扎在此。他还清晰地记得，四年级的时候，他在这里挑野菜、割草，卖给当地驻军，赚过 5 毛钱，因为军队当时养了一些猪，用于改善伙食。60 年代初的江湾，正是中国大炼钢铁的时代，生活水平不可能好到哪里去。

说起来，这已经是 50 前的事了。浦先生说：那时不要说江湾，就是整个杨浦，也是落后的。大杨浦原本是工人的聚集地，一直给人以老大粗的感觉。但是，他话题一转说，现在确实是"扬眉吐气"了，五角场商圈的人流量已超过徐家汇，每天有 50 万人流，万达广场、百联又一城、东方商厦、大西洋商厦、创智天地、江湾体育场……这就是规划的力量。提起环绕在新江湾城周围的这些新变化，浦先生的语气越来越自豪。

浦先生曾在黄兴绿地附近居住，还曾在古北、松江买过房子，在但浦先生看来，虽然古北社区也属于上海的国际社区，但随着上海国际化进程的加快，市场对于国际社区的理解和要求也在发生变化，新江湾城是由世界级的设计师做的规划设计，可以说，新江湾城会成为上海乃至全国规划得最好的一个社区。据他分析，放在世博会的大环境下，很容易理解上海亟须打造第三代国际社区，所以，他看好新江湾城，希望把家安在杨浦。2009 年，他将松江、古北的房子全部卖掉，也没有贷款，一举买下了加州水郡的房子，160 多平方米，应该是相当气派的。回想起当时火爆的售卖场面，从早上 6 点多排队，直到夜里 1 点多钟才买到，他仿佛又回进了那个热闹拥挤的场景中了。

提起新江湾城的优势，浦先生可以如数家珍，他总结有四大特色："四高四低"，即"高绿化率，低容积率；高规划起点，低人口密度；高生态环境，低污染排放；高人文环境，低诚信缺失"。他说的这几点，正好概括了新江湾城作为国际化社区的特点。因为生态、人文、信息、低碳、资源，这五大指标，正是评判国际化社区的标准。

住在加州水郡的居民，有一些是福建商人，他们因在宝钢做钢材生意赚了不少，于是在这里买房；还有复旦大学的一些教师，考虑离校区近，也将房子买在这里；另外有一部分像浦先生这样的居民。这里，整个社区气氛祥和，居委会经常会组织社区居民唱歌、出游。而周边有些楼盘，为了吸引外籍人士居住，在一些住宅内还建有私人游泳池。与前两代国际社区不同，为了体现国际社区包容性的本质，新江湾城面向的是包括外籍人士在内的所有追求高品质生活的人群，在这里买房的，有的是为了更好地改善居住条件，有的竟然是觉得楼盘好，买了放着。

浦先生2009年七八月份时搬到这里后，就成了最为热心的社区居民，他和其他的社区志愿者一样，把工作延伸到了8小时之外。

新江湾城区，提倡自主成立业委会，自我管理。加州水郡在建成两年后，就成立了业主委员会，浦先生即是业委会中的一员。作为一名业主委员，他认真琢磨如何把小区管好，常常会就小区停车位、电梯管理等与物业公司进行沟通。比如像加州水郡这样的高档楼盘，按照规定，外立面要统一，工作阳台要封闭，不能乱开阳台、天窗，不能五花八门、乱七八糟，否则，楼盘整体看上去会显得比较杂乱。他说，他会定期巡视，看附近社区的情况，若发现有人乱搭违章建筑，他会记录下来，然后打电话给城管，亲自监督他们管理。如果不处理好，他的这颗心就放不下。

不只是浦先生，还有他的妻子。与浦先生一样，她也特别热爱社区工作，在加州水郡担任楼组长一职，居委会一有什么事情，首先要找的，就是楼组长。比如垃圾处理，社区里分干湿两类，这样便于垃圾分拣、分类，可以回收，利用率高。浦先生所住的小高层，每层有三户。一开始有个别家庭并不了解，不能很好地配合新江湾城区的这项措施，作为楼组长的浦太太就会检查，是哪些家庭没有做到位，特地留心地记录下来：三楼做得好，六楼做得不好，八楼做得好……居委会针对楼组长汇报的这些信息，就会专门派人上门指导。只经过半年多的时间，这里的居民就都习惯了。

浦先生关心杨浦、热爱杨浦、热爱新江湾城是出了名的，平时，晚上 8 点钟的杨浦新闻，是他每天必看、必了解的，还有《杨浦时报》，他也经常翻阅，从中了解杨浦最新的消息。作为一个新江湾城居民，他热爱自己的社区。他对区内的领导也很熟悉，提到杨浦区的一些领导，他赞不绝口，对这些为百姓解决问题的、做实事的领导，显出特别崇敬的神情，在他看来，杨浦区近年来有如此飞跃的发展，和这些干实事的领导是分不开的。

浦先生坦言：如果评选最热爱杨浦区的人，我大概可以算是最佳人选。

他常常会迈开腿，在新江湾城走走。既全面感受了这里的幽雅的人文气质，也细致入微地体验到这里和谐的生态环境。新江湾城的道路，全由高密度的植被覆盖，还有一些精致的景点设置，潺潺流动的河流，清新的空气，宽敞的公共活动场所，让人感觉仿佛这不是社区，而是一座名副其实的生态公园：SMP 滑板公园、安徒生童话乐园、文化中心，良好生态资源和湿地资源最符合新江湾湿地定位，能够很好地满足客户对于居住舒适性的要求，甚至经常会有野生鸟类飞来栖息。

还有复旦江湾校区、同济一附中、音乐附小、宋庆龄幼儿园……在此落户的，基本上都是品牌学校。特别在复旦江湾校区门前，浦先生更愿意驻足。新校区位于社区的西北部，大门正临着淞沪路，又隔着一泓碧水，校门是复古式的建筑。看着复旦，会有一种和人文传统如此接近的感觉，那些建筑透出与生俱来的庄严肃穆气象，让人感觉到百年复旦蕴藉的潜渊深沉和雄浑精致。说起来，浦先生有着浓浓的复旦情节。他是复旦 85 级管理系学生，前不久还参加了毕业 25 周年纪念。

作为一个新江湾城居民，浦先生有着他的特别的自豪感、幸福感和满足感，他的女儿也在新江湾城买了新房，正好和父母家是一碗汤的距离，这是现今多少上海人的梦想。浦先生的生活梦想也全都系于此地了。

浦先生的讲述平实、随意，正因为如此，就更加不容置疑。

就像他此刻正在为一位朋友指点来这里路径：从大华出发，乘 7 号线转 4 号线，在海伦路站转 10 号线，坐到新江湾城终点站下；然后，坐 1201 穿梭巴士，才 3 分钟，就到了国秀路政和路；整个行程也就 1 个小时左右。

浦先生说，从地图上看，新江湾城居于西北一隅，行程比较远。但在地铁四通八达的今天，这点距离就不算什么了。目前，从新江湾城还可通过中环线、翔殷路隧道等与两个国际机场快速连接。将来，随着轨道交通 10 号线延伸段的开通和 18 号线的建设，交通将会更为便捷。

3.“国际社区”的另类“居民”

第三代国际社区的生态特征，也集聚了众多的另类“居民”。

在上海新江湾城湿地，竖有一块蓝底白字的铭牌，上书：“新江湾湿地生态观鸟拍鸟基地”。鸟类，是新江湾城的另类“居民”。新江湾城接近“原生态”的自然环境，吸引了众多鸟类在此安家筑巢，其中，包括 3 种国家二类保护鸟类、12 种中日候鸟保护协定中的珍贵鸟种，以及上海新发现的小鸦鹃、市区罕见的"雀中猛禽"伯劳等。

一次，我去新江湾城街道，参加一个工作会议，会上，有街道干部提起新江湾城内的观鸟拍鸟基地，激发了我的兴趣。那天，我特地去到那里。刚走近新江湾城生态走廊，远远就能望见一座崭新的白色凉亭，台阶上摆着统一的长凳，柱子用迷彩色伪装网包裹，一群摄影爱好者架起"长枪短炮"，坐在河边长凳上守候，最多时达到数百人，既有来自全国各地的摄影爱好者，也有来自国外的如德国、法国、日本的摄影爱好者。这个湿地观鸟点水面开阔，左右两边是郁郁葱葱的小岛，前有荷叶、芦苇，后有灌木、大树，近处水中布有枯木、树枝、奇石、盆景点缀，远处蓝天、白云，丝毫不觉得是在住宅高楼林立的城市里。"这里野趣十足，拍鸟人一看就喜欢。"江康乐呵呵地说，他的家就住在新江湾城。

春之舞（郑宪章　摄）

2014 年 4 月，他刚到这里时，发现有人在用弹弓打鸟。于是，他发起了一个志愿者组织，看到有人打鸟捕鸟、攀折草木就上前劝阻。如今，这个志愿者组织已经成为一支"民间养护小分队"，江康是新江湾城禽鸟拍摄基地的领队。

"迁徙鸟就是路过的鸟，只有生态好才能吸引它们来，这里能看到 30 多种迁徙鸟、11 种留鸟，拍出来的照片层次感强、光影好，背景也美。哪怕最常见的鸟，也能拍出绝佳效果。"摄影爱好者朱勇也是爱鸟人，他说，多年拍鸟走遍了上海的大小公园，到了这里，就再也不走了。他对自己镜头下的鸟如数家珍：这是白腰文鸟，胆子特别小；这是翠鸟、黑水鸡、白头翁、草鹨……

良好的生态环境不仅吸引居民、游客、摄影爱好者，还把他们变成了生态保护者，许多爱鸟人士已把观鸟、护鸟、拍鸟这项爱好提升到守护湿地环境、守护"城市绿肺"的新高度，而江康、朱勇等"摄友"则戴着统一的"心湾志愿者"帽子，成为"城市绿肺"的忠诚守护者。这里，每天上午、下午各有一次人工喂鸟，是志愿者自费买来的小鱼；在 4—7 月鸟类孵化期，志愿者们还会定期投放鱼虫等鸟食，提高小鸟的成活率；还有志愿者从别处买下被捕获的小鸟，带到这里来放生。

人们爱鸟、护鸟的意识浓了，鸟儿也愿意亲近人了，俨然成了"国际社区"的另类"居民"，在人们的镜头前大大方方展现身姿。这里拍出来的照片经常成为各大论坛的置顶帖，还屡获大奖。就连外区、外地的摄影爱好者也慕名而来，越来越多的人加入了志愿者队伍。如今，志愿者人数已经达到 300 多人，每天到岗的就有二三十人。

4. 确保社区安全性、归属感和活力源

早在 2010 年，新江湾城就已被联合国开发计划署及环境规划署命名为"国际生态型示范社区"，获得国务院住房和城乡建设部颁发的"中国人居环境范例奖"。

在通过 3 个阶段开发打造优质宜居宜业宜创城区硬件，确保社区生活舒适性和便捷性的同时，我们同步关注了城区更长久的后期运营管理工作，以确保社区的安全性、归属感和活力源。

新江湾城 2017 年已导入人口约 5 万人，未来全部建成后计划总人口约 10 万人。为使区域形成安全、繁荣、有活力的可持续发展源生力，我们在规划之初就提出了"社区"概念，将空间聚拢成一个体现"以人为本"理念的有机体。

一是建立"三区联动"机制，实现共治共管。新江湾城成片土地开发长期处于建管并存的状态，为进一步高效提升城区建设与管理水平，由上海城投发起，与部队、复旦大学、街道建立了四方联席会议机制；与街道、复旦校管会等其他单位建立了协商共治管理委员会机制；与社区、校区、园区建立了党建联建网络体系等，以协作机制共同推进公共服务设施建设、社区事务协调、社区资源共享等工作。新江湾城街道作为全市第一百个街道于 2003 年成立。我们还积极推进了园区入驻企业对社区事务的参与度，在"湾谷"科技园内建立党员服务中心，凝聚园区不同企业党员力量；与耐克大中华总部协商，由其承担社区公共体育设施如篮球场、网球场等的维护工作，保障公共设施的可用性。

二是建立社区文化品牌，展现活力城区。我们推进了 4 个层面

循序渐进的文化品牌建立工作。第一层面是引入国际一流资源形成多元的文化基底，打造品牌形象。引进的国际知名二级开发商、入驻园区的知名企业、参与开发建设的先进企业，所带来的先进理念、文化和经验，都成为新江湾城多元文化的组成部分，并进一步促成融合和创新。第二层面是实施品牌推广策略形成广泛的文化影响，打造社会形象。通过新江湾城"感动人物"的评选，以及办公园区的冠名，如 NIKE 总部的李娜楼、刘翔楼等，树立城区精神文化堡垒；通过我们主办或支持承办吸引社区居民共同参与的文体活动，包括沪港自行车赛、杨浦 8 公里健身跑、半马、SMP 极限运动、街道运动会等，提升社区凝聚力和交流度；通过文体活动的举办和积累，形成个性化的社区文化品牌，提升社区的独特性和归属感。目前已形成杨浦新江湾城半程马拉松、SMP 极限运动等品牌赛事，引发了全市爱好者的参与，为新江湾城集聚人气。第三层面是资源共享形成和睦邻里关系。共建共享睦邻家园，建立五邻联盟：即乐游（看江湾、游江湾）、乐善（互助互爱）、乐活（每个社区一个优秀的服务团队，如全职妈妈互动）、乐美（最美家庭）、乐智（一居一品形成品牌，如公租房四海一家亲）等，形成和谐亲睦安全的社区人文环境。第四层面是培育团队，形成有力的文化凝聚，打造团队形象。团队是工作开展的保障，所有新江湾城的开发者、建设者、运营者，以及生活在新江湾城的所有人群都属于共同的团队。我们强调通过专业性、创新性团队能力的培育，包容性、开放性团队文化的孕育，凝聚形成一支对新江湾城具有高度认同感的团队，共同献计献策、共治共管，一同推动新江湾城的不断升级发展。

第二章　创建产城融合的繁荣社区

1. 点燃城区发展新引擎

城投新江湾城的建设者一直都在努力攀登，从来没有停止过创新。进入到新的发展核心阶段，从最初的示范居住区到生态居住区；从第三代国际社区到宜居宜业宜创的国际化智能化、生态化社区，新江湾城建设者始终在探索和创新。

2010 年后，新江湾城牢牢把握上海建设具有全球影响力的科创中心、杨浦区建设"双创示范基地"的要求，以土地功能综合开发为原则，实行"以业兴城"，支持产业功能升级。

一是在注重产业功能空间打造上，强调扶持引进符合全球城市发展需要的高新技术研发、科创、金融等高价值区段产业，以及可以形成全球资本投资的总部经济等产业。

　　二是在空间上形成区域开放融合功能，最大程度达到知识和经济溢出效应，从一开始即形成没有围墙的办公园区方案。重点形成"湾谷"科技园和"尚浦领世"商务办公区两大产业引擎区，有力支持杨浦向知识经济的转型，并推动新江湾城逐步形成产城融合的繁荣社区。

　　讲到科技园区的建设，不得不介绍一下，城投的房地产板块的改革和发展。2007 年城投总公司顺应形势发展的要求，将着力打造骨干企业，以发展带改革，以改革促发展，进一步完善法人治理结构，提高市场化运作水平和企业核心竞争力，原来的事业部停止运作，挂牌成立了上海城投置地（集团）有限公司，作为独立的法人单位走上了城投房地产板块建设与管理的前台，也是新江湾城建设和管理的团队。

2012 年 3 月 29 日，杨浦区领导为湾谷项目开工建设揭幕

这个项目的推出，倾注了城投新江湾城建设者一片心血，也得到了杨浦区政府和上海城投总公司的全力支持。为了开发这个项目，新江湾城建设和管理团队，主动对接区政府，组织学习考察团，对标国际水准，深入研判分析，做了大量的前期研究，形成项目的可行性报告。

由上海城投下属置地集团有限公司（新江湾城项目部）打造的高科技产业园区"湾谷"，于2012年3月开工建设，成为继张江高科技园区和闵行紫竹高科技园区后，又一个国际化、高起点、高品质的高科技产业园区，助力第三代国际社区新江湾城的"二次腾飞"。

这个项目是由上海城投置地（集团）有限公司代表上海城投出面主导并引入社会资本参与开发的"湾谷"科技园项目，充分利用大学校区产学研一体化的知识溢出效应，确立总部经济定位和高新科技、双创产业布局，项目地上总建筑面积66万平方米。

"产城融合"是以城市为基础，承载产业空间和发展产业经济，以产业为保障，驱动城市完善服务配套，将居住、商业、生态、文化、休闲、娱乐等生产性和生活性服务有机融入发展中，形成多元功能复合共生的新城区。

点燃城区发展新引擎，孕育创新创业热土。创建宜居宜业样板区是上海城投在新江湾城建设中实践共享发展理念的落脚点和指向。

南部知识商务区项目，位于新江湾城门户位置与五角场相连，定位为集高档办公、高星级酒店、剧院、商业和居住为一体的城市综合体，其开发将进一步完成五角场副中心区域的整体建设。项目地上总建筑面积 90 万平方米,其中先期启动的商办项目,已经引入了耐克大中华总部、德国汉高等世界 500 强企业。目前,新江湾城已成为上海东北部创新创业产业的热土。

2. 有一个新生代高科技园区叫"湾谷"

"湾谷"的全名为上海湾谷科技园。

"湾谷"项目位于新江湾城西北部,坐落于国权北路以西、殷高西路以东、国秀路以北,紧邻复旦大学新江湾城校区,充分利用了大学校区产学研一体化的知识溢出效应,确立了总部经济定位和高新科技、双创产业布局。项目分南北两个地块,南块约 54 万平方米,北块约 12 万平方米,规划地上总建筑面积约 66 万平方米,集商务办公、科技研发、配套休闲服务为一体,凭借城市独一无二的原生态自然环境,形成新一代生态商务总部型办公,并借助高校创新科研产业平台的优势,打造成为全新的国际科技产业聚集区。

湾谷科技园

2013 年，上海城投总公司与上海市科学技术委员会达成战略合作协议，并共同组建上海湾谷科技园管理有限公司，全力打造集研发创新、高新技术和新兴产业、现代服务业等功能于一体的湾谷科技特区。一期总建筑面积 40 余万平方米，由总部独栋、研发总部、商务中心、休闲商务配套等组成，于 2014 年 6 月建成并正式投入使用。湾谷科技园区面向高端科技人才、企业研发总部、高科技服务业，以现代化设计、商业化配套、定制化服务打造现代科技企业加速器。

这个全新打造的科技园，由上海城投置地（集团）有限公司与上海杨浦科技创业中心有限公司共同组建的企业负责运营服务和管理。充分发挥各自在商业地产项目开发和科技园区运营管理方面的优势，依托自然天成的优越自然环境着力建设一个具有"特殊的制度创新、特别的政策支撑、特定的区域载体、特有的功能体系"诸多发展优势于一身，集"政策特区""人才特区"和"资本特区"于一体的综合性科技创业特别园区。

作为新生代的高科技园区，"湾谷"的目标定位在着眼于紧跟世界潮流，体现时代特点，倡导科学发展理念，打造"新一代生态商务总部型办公 + 国际科技产业集聚区"。

总体思路是宜居宜业，产城融合。具体包括：

引领区域经济。上海北部没有大型的高科技园区，建成后的"湾谷"有潜力成为上海北部科技产业发展的引擎。

推进"三区"联动。新江湾城 5 公里的辐射半径内，有复旦大学、同济大学、上海财经大学、上海第二军医大学等知名高校；新江湾城第三代国际社区初露面容。校区输出人才，科技园区通过促进科技和产业链结合推动经济发展，公共社区创造一个良好的可持续发展环境，在"交流、共享、创新、合作"园区文化的倡导下，让整个地块的价值和发展前景得到质的提升。

倡导"定制式"理念。目标客户以企业总部为主，典型客户将是出自高校或上海北部的成长型高科技企业，如设计院、科研咨询机构等。其实，早在"湾谷"一期规划设计阶段，城投置地（集团）有限公司就同步思考了科技园区的运营与未来发展，为此，专门组织人员前往美国等发达国家和地区，以及国内的西安等地参观学习相关案例经验，同时又与华东师范大学开展联合课题研究，并在 2013 年《上海城市发展》第二期上，就上海新江湾城科技园（湾谷）运营支撑体系及未来发展模式提出了创新性的思考。

提供"一站式"服务。为了最大限度地吸引企业，上海城投与杨浦区政府协商，为入驻企业争取到了最优惠的税收政策，为企业提供"一站式"的审批服务；为入驻企业提供展示、商务、培训等共享服务设施外，还为入驻企业量身打造信息高速公路和云服务系统，园区企业员工个人桌面接入能力可达千兆，入驻企业通过云服务租用主机、数据库和各类应用软件，大量节省运营成本。

在提供"一站式"服务中，我们也必须关注一个绕不过去的课题——食。民以食为天。湾谷科技园的"食"课题，当然也应该有"科技"——

就在 2015 年 11 月，经过多方面努力，装修一新的上海湾谷中心食堂携智慧餐台如期和大家见面了。食堂位于湾谷科技园 A5 下沉式广场，智慧餐台快速结算系统也于当日正式启用。

是的，告别传统，迎来智能。湾谷科技园食堂进入智能化餐厅时代，只要将餐盘轻轻放入智慧餐台结算区，菜品、价格明细信息就同步出现在显示屏上，餐台则智能提示用餐费用，再也不用人工核算结算，也不用多窗口排队。

据园区食堂负责人介绍，之所以在食堂改造之际引进易科士智慧餐台快速结算系统，在于智慧餐台与湾谷科技园区文化"科技""快速"相符。服务以科技为中心的食堂，更应该使用最先进的食堂结算工具——智慧餐台；面对快节奏都市生活，食堂满足上帝需求——快速。因此，智慧餐台凭借其智能、快速、科技、省时、省力、省心等特点成功入驻湾谷科技园中心食堂。

那么，到底智慧餐台如何"科技"和"快速"？

智慧餐台三大部件，让食堂就餐科技快速：智慧餐台、智慧餐具和智慧餐台结算系统。

智慧餐台：智慧餐饮结算终端，采用自助选餐和自助结算模式，实现整个餐厅从购餐到结算的高效、有序。智慧餐台适用于自助模式的餐厅。

智慧餐具：易科士"智慧餐台"系统的重要组成部分，有各种色彩的碗碟，内置 RFID 标签，通过智慧餐台，供智慧餐台读取菜品和价格信息进行结算。

智慧餐台结算系统：在每一个餐具底部植入 RFID 射频芯片，餐具进入餐台结算区后（射频天线感应区），通过对餐具底部 RFID 射频芯片进行读写操作，借助于计算机及其通信技术，实现对餐具底部 RFID 射频芯片的通信和管理，实现快速结算。

凭借智慧餐台三大部件，相信充满科技与智能的上海湾谷科技园中心食堂在餐饮智能化道路上走得更高更远。

湾谷科技园区合影

建设绿色园区。污染监视，通过智能信息化系统，在园区运营中可通过 GIS 地图全面展现园区用能及碳排放情况，也可显示单栋楼宇的能源使用情况和碳排放情况。"湾谷"的整体开发过程中将应用一系列环保技术，包括太阳能光伏发电、风力发电、雨水收集循环利用等。还有包括屋顶绿化在内的大面积绿化覆盖，绿化率可达30%，所有写字楼都将达到绿色建筑的标准，通过感应技术，企业可实现空调、照明、办公设备的智能关闭和启动，从而大大降低能耗成本。

目前，"湾谷"一期已引进企业包括北斗卫星民用系统——中国位置网、华平科技、复旦大学、市政设计院、中信资本、杨科创、益盟软件、雪人股份等高新产业引擎企业，国家东部技术中心也落户"湾谷"，二期 13 万平方米将主要满足"大众创业、万众创新"

功能需求。

3. 回答"'湾谷'是什么"的追问

如何让科技园突破一亩三分地的局限，真正成为具有巨大辐射效应的科技创新集聚区？湾谷科技园的探索，是否预示着中国科技园区即将迈入 2.0 时代？湾谷科技园将呈现如何与众不同的思路？建设湾谷科技园的过程中如何融入建设企业"加速器"的探索？……"湾谷"正在用实际行动，回答外界对"'湾谷'是什么"的一系列追问。

定位上海科技北高地、中央创新区（CID）的湾谷科技园，于 2014 年 12 月初正式对外宣布成立。

NUTT：技术转移新业态——

将技术转移作为一种科技服务业态、一种商业模式被提上日程，源于中国科技创新与产业发展之间存在的巨大发展瓶颈。一方面，我国科技创新取得突出成就，专利、论文、人才等数量快速提升；另一方面，经济增长过度依靠投资、原材料消耗等传统的要素驱动方式。NUTT 的建立，就是通过市场化的机制，来更好地服务高校与企业之间的技术转移。高校研发机构以及企业之间需要一个中间结构形成的业态，专门从事这样的工作。通过这个中间业态，为成果的持有方和需求方之间搭建一个平台，在这个平台上，对成果进行合理定价、形成一个更加公平的交易，并保证在过程中得到相应的法律保护。

接下来，NUTT 将通过打造线上平台形成高校技术数据库、企业数据库的同时，联合各类线下服务商，包括知识产权评估所、会计所、中介机构，形成真正市场化运营的高校技术转移服务商。

而对于湾谷科技园来说，NUTT 的建立，则预示着扶持一个全新业态、新兴产业思路的形成：技术转移这样的中间业态本身也可以作为一种商业模式、一种产业来扶持。相比直接扶持一个科技企业，扶持技术转移这类科技服务企业，则可以产生更大的效能。

事实上，湾谷扶持技术转移新业态的思路，与当前的国家战略亦高度一致。由于湾谷科技园将打造成技术转移的核心功能区，对于紧密合作的机构，都会邀请他们落户湾谷。

4. 看上海的 CID 怎么造

对于湾谷科技园的打造，湾谷科技园管理有限公司总经理谢吉华可谓踌躇满志，他认为：湾谷科技园未来承担的一个使命，应该是中央创新区（CID）建设。2014 年 9 月 30 日，他接受了《参考消息》的采访，话题就是"看上海的 CID 怎么造"——

在上海的科技园版图中，东有张江、南有紫竹，而在上海北部高校林立的杨浦，却还没有一个成规模的科技园。湾谷科技园的诞生，将补足这一短板，并在上海打造具有国际影响力科技中心建设过程中发挥重要作用。

湾谷科技园，位于杨浦区新江湾城的西北部，紧邻复旦大学新江湾城校区，城投置地集团早在规划之初，就充分考虑到新江湾城片区的特点：南有美国铁狮门中国承建的商业中心，西北有复旦大学江湾校区，周围已有很多住宅物业，希望引入一种新的地产业态，不仅自身具有成长性，还需要和周围的地产形态形成新的互动、互相促进。新江湾城这里已经有吃有住有学习了，是不是还应该开发能够引入工作机会的地产类型？最终，科技园成为城投置地的不二之选，这也是城投置地自身战略转型和新江湾城的二次发展。而在新江湾城建立科技园的优势又是显而易见的，依托复旦大学江湾校区，在新江湾城 5 公里的辐射半径内，还有同济大学、上海财经大学、第二军医大学等知名高校。若对接顺利，科技园将与高校形成良性互动。正是由于对标了硅谷，科技园最终被命名为"湾谷科技园"，即"新江湾城里的硅谷"，显示了湾谷科技园在引领上海科技创新进步方面的雄心，最终，城投置地选择和杨浦科技创业中心携手，以分别持股 50% 的方式联合成立湾谷科技园管理有限公司，负责整个园区的运营管理，并由杨浦科技创业中心总经理谢吉华担任湾谷科技园管理有限公司总经理，湾谷科技园未来承担的使命，应该是中央创新区的建设。2014 年 8 月，上海市政府已经正式向国家科技部提出申请，要求在上海的湾谷筹建国家技术转移东部中心。国家技术转移东部中心主要有两个使命，一是面向全球，嫁接国际一流技术；二是立足国内，盘活现有的高校创新资源。目前，湾谷已经和麻省理工大学（MIT）及全球最大的网络技术交易市场平台 Yet2 签署合作协议，MIT 将在湾谷建立中国研究院；Yet2 也将入驻湾谷，湾谷科技园任重道远。

第三章　湾谷故事

1. 国家技术转移东部中心揭牌

2015 年 4 月 23 日，恰逢中国（上海）国际技术进出口交易会召开之际，在上海张江国家自主创新示范区湾谷科技园，国家技术转移东部中心（以下简称"东部中心"）揭牌仪式的大厅里，人潮涌动。全国政协副主席、科技部部长万钢和上海市副市长周波共同为东部中心揭牌，政府、企业、创客、媒体无不把目光投向此处。大家都对国家技术转移东部中心将产生的承载力与辐射力寄予厚望——将聚焦技术转移上下游各环节，形成技术、服务、产业资源集聚区，构建国家技术转移战略高地，打造全球技术转移枢纽。

另一边的"湾谷"，壳牌、宝洁这样的跨国研发巨头频频到访，洋科技怪咖更是出没频繁。国家

国家技术转移东部中心揭牌

技术转移东部中心是由科技部和上海市人民政府共同推进设立的区域技术转移平台，由上海市科委全面统筹。早在 2014 年 11 月，当国家技术转移东部中心落户张江国家自主创新示范区湾谷科技园时，国家战略就已布局：聚焦技术源头和产业端口，先行先试探索与高校对接、与金融结合、与企业共赢、与国际接轨的技术转移服务新范式，从而让引领全球产业趋势的创新种子在这落地、生根、发芽。

中国经济经过 30 多年的高速发展，已进入新常态的历史转折期。完成这一历史转折的两轮支撑，一是自主创新，二是技术转移。随着东部中心的正式揭牌，一系列国际化、市场化运作的平台、机构和创新机制将在此先行先试。目前东部中心已搭建形成 4 个功能平台——技术交易基础功能平台、全国高校技术市场、国际创新收购平台、技术转移渠道网络平台，分别由东部中心下属不同公司独立运作。

与之交相辉映的是，在黄浦江另一边的上海世博展览馆，上交会正如火如荼的举行。300 平方米的东部中心展台设计样式形同一颗玫红与白色互为映衬的璀璨钻石。以"技术转移的未来趋势"为主题，两个多小时的技术转移接力演讲请到了全球最大的网络技术交易市场平台 Yet2 的合伙人、日本 CybeAgent 全球投资总监、全球知名的技术转移基金会德国史太白中国首席代表等技术转移领域的绝对权威交流发言。

他们不仅是座上宾，更是实实在在的合作伙伴。

2015 年，承载着神圣使命，湾谷人马不停蹄地辗转于各国之间。第一站便是美国麻省理工学院位元与原子中心（MIT-CBA），大名鼎鼎的电子墨水、3D 打印机、谷歌眼镜，甚至是互联网均出自 MIT-CBA 的"科学鬼才"之手，创新"矿藏"很是诱人。而这些，不过是其十年前或者几十年前的技术运用。"如果能拿到最新的研究专利并成功产业化，那才是真正在时代之巅的创新。"

一次次走访、洽谈，一次次邀请、协商，"湾谷"终于打动"高傲"的 MIT-CBA。"机器嗅觉""自组装肽系统"等 99 项专利技术"打包"来沪孵化。根据双方协议，所有应用类研发成果，国家技术转移东部中心将拥有优先获得权，经二次开发后双方将共享专利。为此，双方共同设立了 MIT-CBA 中国研究院，专注于未来技术的产业化研究。

"电子墨水"的发明人 MIT-CBA 的约瑟夫·雅各布森甚至在"湾谷"实践自己的创新梦想。应用于 kindle 电子阅读器的"电子墨水"技术颠覆传统纸质书本，但价格昂贵。在走访"湾谷"之后，他毅然决定在此后续研发"印刷芯片"专利技术，以大幅降低成本，实现"印制10美元电子书"。

眼下，"湾谷"已建立起一个与MIT无缝对接的专利运营数据库，并保持动态更新。源源不断的创新技术将第一时间在上海找寻落地的n种可能，由此衍生出无数个跨国创业故事。

此次，合作仪式集中展示了东部中心全球、"一带一路"、长三角区域战略布局及国际机构入驻、技术金融合作、启动张江国际技术转移转化功能集聚区建设等六大合作项目。东部中心总裁、湾谷科技园总经理谢吉华介绍说，东部中心谋求向外开展战略布局，与美国麦道国际、新加坡南洋理工技术转移中心合作，链接国际高端技术和产业资源；在新疆和甘肃兰白科技改革创新试验区分别设立分中心，与云南共建中国—南亚技术转移中心，融入"一带一路"国家战略；布局长三角经济带，与长三角各技术转移机构合作，整合长三角科技产业资源，共创长三角技术转移一体化。

东部中心还积极引进国际技术转移机构，并在现场为壳牌创新工场、德国史太白、美国Yet2授予入驻"钥匙"。就在3月，"湾谷"在海外的首个分支机构落户美国波士顿，负责与哈佛、普林斯顿、西北大学等名校的沟通协作，在当地收集创新项目。与史太白共同推进建设史太白大学；在欧洲与一家国际投行机构合作，建立欧洲对接平台；Yet2把服务于世界500强企业的技术搜寻服务带到上海，与东部中心共同开发中国市场……越来越多的国际创新要素将在"湾谷"汇聚。

科技金融，是"嫁接"与"绽放"的艺术。

当来自IBM研究院的"天才少年"弗拉基亚带着他的最新成果

"可读取人体关键基因的生物眼镜"来到"湾谷"时，初步分析表明，这副神奇眼镜还有诸多技术细节不够成熟，需要本土团队的接力研发。

不是所有的专利都值得转移，也不是每次"引种"都能培育成功。"生物眼镜"不是个例，究竟哪些创新成果能在上海的土壤中落地开花，离不开评估验证和大量二次开发，科学家完成了"0到10"的研发，而湾谷需要踏上"10到100"的阶梯，挑战不言而喻。

"技术转移是什么？传统意义上，一直认为技术转移就是点对点的技术买卖，但我认为，技术转移是让技术产业化的过程。"搭建技术转移的大平台，谢吉华认为，技术金融多样性是其中关键一环。

与优势资本加强合作，促成技术资产财富效应产生。此次，为助力全球科技创新中心"四梁八柱"的布局落地，张江高新区管委会、杨浦区政府、上海城投集团在会场共同启动张江国家自主创新示范区国际技术转移转化功能集聚区建设，并正式将其落户湾谷科技园。

作为上海打造全球科技创新中心的重要承载区，"湾谷"背靠的资源十分丰富。今年，张江示范区管委会投资9000多万元，扶持"湾谷"在音视频技术、半导体照明、智能制造、高端医疗器械等领域搭建技术评估与验证平台，而更多验证和中试平台则散落在张江一区22园的企业和研发机构之中，形成一张无形的大网，让天马行空的种子能在531平方公里的自主创新示范区内找到它合适的去向。此外，上海高校技术转移市场、上海中小企业研发外包服务中心等一个个在建或筹建项目无疑将为"湾谷"的土地增加合适的"肥力"。

建立技术银行，整合各方资源，积极探索和实践"投贷联动"的金融服务机制。围绕技术转移过程中产生的金融交易，开展专利保理、信托、租赁、托管等业务，将技术成果设计成金融产品，实现专利证券化、期权化和保险化，以资本的力量助推一项项金点子落地开花。"希望未来能够在自贸区的平台上研究国际技术贸易负面清单，建立资本项目下的人民币可持有兑换平台。"谢吉华说。

背靠国家技术转移东部中心这一技术供需枢纽，一批技术经纪合伙人正在"湾谷"集结。在专业科技"捐客"的撮合下，一位美国普林斯顿大学的海归创业者，刚刚从某能源巨头手中接下了"碳同位素光谱分析"的研发订单。此外，东部中心还将学习和借鉴国际上成熟的理念和运营模式。

"希望国家技术转移东部中心成为科技创新创业高地，营造良好的众创空间气氛，并以长远战略的眼光布局服务平台建设、技术经纪人队伍建设、技术交易平台建设，尤其是要放眼海外，瞄准国际上最前沿的技术项目、企业和产业转移趋势，完成国家技术转移的重任。"这是科技部部长万钢对国家技术转移东部中心落户上海的殷切期望。

2. 南部知识商务区的耐克故事

2012年1月10日，美国商业电讯称：耐克集团宣布建造大中华区总部计划。

尚浦领世项目效果图

计划在中国上海为耐克员工建造一个全新集中的大中华区总部。面积约为 5 万平方米，大中华区总部将坐落于上海杨浦区的"尚浦领世"。"尚浦领世"是美国铁狮门房地产公司在上海最新开发的多用途地产项目。

"建造大中华区总部不但是非常振奋人心消息，而且也是耐克公司在华业务持续增长中的战略性投资。"耐克集团副总裁、耐克大中华区总经理齐凯歌说。"新总部不但将全体上海员工和耐克集团旗下各品牌集中在同一区域一起工作，而且使公司的办公设施和运营能力得到提升和扩充。"

"尚浦领世"项目于 2011 年 6 月破土动工。该项目约 90 万平方米，是一个服务设施完备的"绿色"社区，含约 900 套住宅，近 70 万平方米的 A 级办公园、A 级商用写字楼、SOHO 生活及工作区、酒店、酒店式公寓、零售商铺和文化活动场所。

耐克公司已经与美国铁狮门房地产公司就该项目签订了长期租赁协议。伴随商用办公楼，还将在总部园区内建造一个足球场、一个标准室内篮球场，以及一流的健身设施。新总部还将配备全套餐饮服务设施和单独的会议中心，用于举办大型活动和新品发布会。

在耐克集团大中华区总部园区，以李娜命名的办公大楼和以刘翔命名的会议中心大楼是园区的主体建筑。

2014年7月25日，耐克大中华区位于上海的新总部园区举行启用庆祝仪式，中国网球运动员李娜出席，为以她名字命名的办公大楼正式启用揭幕。李娜说："我的名字出现在耐克大中华区新总部园区的办公大楼上，让我感觉很开心，这和运动员的名字出现在奖杯上很不一样，是一种特别的感觉。我认为这是耐克一直以来尊重和重视运动员的表现，大楼上'李娜'两个字实际上代表了中国所有优秀的耐克运动员。同时我非常珍视我与耐克多年的友谊，我会把这看作是我和耐克多年合作的见证。"

以运动员名字命名大楼，是耐克公司在全球的习惯。

其美国总部园区的几幢大楼就分别以网球运动员桑普拉斯、篮球运动员迈克尔·乔丹、足球运动员米娅·哈姆等运动员的名字命名。

无独有偶，耐克集团大中华区总部于2014年11月11日又启用了"刘翔中心"。

以中国田径运动员刘翔命名的耐克集团大中华区总部会议大楼——"刘翔中心"在上海启用的当天，刘翔亲临现场并与耐克品牌全球总裁特雷弗·爱德华兹（Trevor Edwards）共同为大楼揭幕。

耐克与刘翔的合作始于2002年，那时刘翔已初露锋芒。作为世界顶级110米栏选手，刘翔在亚洲乃至全球都极具影响力。耐克品牌全球总裁爱德华兹说："刘翔 2004 年雅典夺金的经典时刻，以及一直以来在田径赛场的卓越表现，不断鼓舞激励着全世界人们。我们非常荣幸耐克大家庭成员之一的刘翔在这里和我们一起揭幕刘翔会议中心，今天也是耐克大家庭值得骄傲的时刻。"

耐克集团大中华区总部园区"刘翔中心"共 5 层，包括面积达 1600 平方米的多个多功能会议室、员工商店和餐厅，将用于各种会议、大型活动及新品发布会。建筑内外，随处可见以刘翔及其竞技成就、跨栏运动为灵感的设计。一层大厅，安放着一个由 2774 个铜质跨栏横杆组成的大型装置艺术，每个横杆都代表 0.005 秒的时间概念，自下向上递增。代表刘翔最重要成绩 12 秒 95、12 秒 91、12 秒 88 的三个横杆被涂成金色，以铭记这些经典瞬间。一些会议室也以刘翔取得重要突破的城市命名，如"2002 釜山""2004 雅典""2006 洛桑"等。在细节设计上，巧妙使用了跨栏横杆为创意，令整个会议中心很"刘翔"。

刘翔说："特别感谢耐克这么多年来对我一如既往的陪伴和支持，也特别荣幸耐克以我的名字命名的会议中心今天在我的家乡上海正式启用。我觉得一个运动员在竞技场上的运动成绩并不是衡量运动员的唯一标准，我更希望尽我所能去影响更多的人参与运动，尽情享受运动给大家带来的健康和快乐。"

3. 就在身边的"城投宽庭"

"居于宽处，庭放美好"，这就是"城投宽庭"。

2019 年 8 月 8 日，上海城投召开租赁住宅品牌发布会，正式推出租赁住宅品牌——"城投宽庭"。与此同时，城投宽庭·江湾社区和城投宽庭·浦江社区正式开工，这标志着上海城投租赁住宅业务全面启动。复旦大学党委书记焦扬，中国商飞董事、党委副书记谭万庚，杨浦区委副书记、区长谢坚钢，上海市住建委副主任马韧，上海城投集团党委书记、董事长蒋曙杰，党委副书记、总裁陈庆江，党委副书记杨茂铎，上海建工集团党委副书记、总裁卞家骏，中国太保、国开行、建行、工行、农行、中行、交行等金融机构，市区相关委办局、参建单位、设计院、产品供应商等合作单位约 200 人出席了发布会。上海城投集团副总裁周浩主持了发布会。

这个发布会，又一次让人们看到了上海城投"勇挑重担，助力住房保障体系建设"的企业形象。

上海城投是专业从事城市基础设施投资、建设、运营管理的国有大型企业集团，总资产达 6000 亿元。成立 27 年以来，一直秉持"城市，让生活更美好"的理念，勇当城市建设和运营管理的主力军。在上海建设"卓越的全球城市"、推进新一轮城市发展的当下，上海城投把积极参与租赁住宅的开发运营作为新的时代使命。

上海城投党委书记、董事长蒋曙杰在发布会上表示："自去年 5 月获得第一块租赁住宅用地，到目前已经落实房源约 16000 套，提前超额完成上海市政府部署的'十三五'期间落实 10000 套的任务。"

杨浦区委副书记、区长谢坚钢表示："希望湾谷社区、江湾社区和光华社区早日成功推出，为构建更加良好的创新创业生态环境提供保障，为杨浦加快'三区一基地'建设增色添彩。"

这个发布会，又一次展现了上海城投成为"创新变革，持续创造租赁住宅标杆典范"的历程。

引领现代居住生活理念，是上海城投一直以来的追求。

多年来，上海城投投资及建成交付"四位一体"保障房约 660
万平方米，供应房源超过 5 万套，销售率名列前茅。

新江湾城"尚景苑"项目是上海市公积金管理中心根据国家有
关政策、利用公积金增值收益投资收购的公共租赁住房，是上海完
善住房公积金制度的积极探索与实践，在全国也属首创。

尚景苑位于新江湾城国权北路 1450 弄，住房总建筑面积约 15
万平方米，共约 2200 套住房。尚景苑毗邻复旦大学新校区，临近
轨道交通 3 号线和 10 号线，与生态走廊、文化中心、极限运动中心
等特色生活配套相近。在建造之初，为了进一步解决地区交通相对
不便的状况，市有关部门还专门在国权北路新辟了一条公交线，接
驳轨道交通 10 号线。

根据上海市公共租赁住房"政府支持、社会参与、市场运作"
的特点，新江湾城尚景苑公共租赁住房的租赁价格按略低于市场租
金水平确定，那么，尚景苑公共租赁住房的品质又如何呢？新江湾
城尚景苑项目的主力房型是 60 平方米的两居室，这么小的建筑面
积，卫生间要做出干湿分离的功能分区，还得明厨明卫加个厅，很
有挑战性。上海城投的建设者们殚精竭虑，尽管诸如入户玄关、动
静分区、过厅、独立储藏室及大面积阳台等商品房惯用元素在这里
都成了奢侈，但是，换以吊橱空间、阳台打通等非常规设计手法来
作为居住功能空间的补充，处处都能体现上海城投人作出的"最小
占地面积、最大实用空间"的努力。"螺蛳壳里做道场"，居室面积
虽说不大，但功能齐全，装修标准也不低，空调、抽油烟机等电器

和橱柜等均已配齐，燃气热水器、灶具、浴霸则采用林内、老板、奥普等知名品牌，可以实现拎包入住。

2012年4月21日，杨浦区正式启动市筹公租房项目——新江湾城尚景苑选房签约工作，共向杨浦区包括个人和单位的480户公租房申请对象发出通知，可选房源共计660套，提供3种户型，包括49套一居室，租金在2000—2100元左右；三居室36套，租金3000元以上；其余的575套均为二居室，租金从2600—2900元不等。据统计，受理当日共有338户家庭前往现场参与选房，其中200余户选房后，直接完成现场签约，签约量是虹口、闸北、黄浦三区的总和。

在尚景苑刚刚落成的那会儿，在杨浦区一家公司上班的江苏青年陈明带着妻儿已经"捷足先登"。他算过一笔账，这里一套两居室公租房的每月租金比周边同等条件的商品房租金要低30%左右。当初，他之所以迫不及待地要选房，就是盼望着能够赶快搬进来，到时候，再把乡下的父母接过来住几天，在环境优美的新江湾城，一家人舒舒服服地吃一顿"团圆饭"。

上海城投始终坚持创新变革、专业专心、诚信为本、负责担当的精神，产品不断更新换代，从1.0版"安居"、2.0版"适居"、3.0版"宜居"、4.0版"悦居"，今天正式升级到上海城投租赁住宅5.0版——并命名为"城投宽庭"。

未来，城投宽庭将继续承载助推上海城市经济结构转型和高端人才引进的使命，承载百姓美好生活的梦想，为上海新时代租赁生活提供一套完整的解决方案，为上海千万客户提供宽适居住、宽心服务、宽活体验。

上海市住建委副主任马韧表示："希望上海城投一如既往发挥专业能力、品牌实力的优势，在租赁住宅建设质量上树立新的标杆，在形成可持续运营模式上作出新的探索，在推动我市住房保障体系建设上有新的作为，成为住房租赁市场的'稳定器'和'压舱石'。"

这个发布会，又一次体现了上海城投"匠心打造，开启上海租赁生活新时代"的胸怀和决心——

城投宽庭将致力于打造"居于宽处、庭放美好"的新时代租赁生活方式。

一是宽适居住。上海城投租赁住宅技术负责人张辰介绍，上海城投精心研发、创新打造出"三大类型、五种空间"的产品线，从一房到三房，不同大小、5 种空间设计，满足客群从单身贵族、二人世界到三口之家约 10 年全生活周期的需求，其中一室户占比将超过 50%，70 平方米和 90 平方米的家庭户型占比约 15%，租金将结合地段和推出时间进行综合定价。

二是宽心服务。上海城投依托自身丰富的开发经验，对标国际最高标准和最好水平，通过模块化设计、工业化建造、数字化管理、绿色生态技术应用等四大技术标准，打造卓越品质的租赁住宅产品。同时采用自持自营的模式，通过实名认证、人脸识别、智能水电以及生活服务 App 等多项系统，提供 360° 管家式贴心服务，让每个租户都能时刻感受到家的温馨。

三是宽活体验。上海城投在规划中充分运用"开放式、大社区"的开发理念，将形态丰富的公共街区、配套完善的院落组团、安全私密的居住单元充分融合，形成"街、院、庭"三级空间结构，提供"宜居、宜业、宜乐"的新时代高品质生活体验。

校企联动，推动上海人才发展新生态建设。

在品牌发布会上，上海城投集团党委副书记、总裁陈庆江与复旦大学党委常委、副校长周亚明签署了战略合作协议。双方将进一步深化校企联动、优势互补、资源共享，加强在人才租赁住房领域的合作，探索以整体租赁、集中管理方式建立人才租赁住房服务体系，解决高校人才安居之忧。

复旦大学党委书记焦扬表示："希望双方秉承'校企联动、优势互补、资源共享、共赢发展'的宗旨，在创建人才安居保障新模式、搭建产学研合作新平台、构建校企联动协同新机制等方面开启战略合作新篇章。"

同时，中国商飞董事、党委副书记谭万庚表示："中国商飞真诚期待与上海城投集团携手，在产品、项目、管理等方面开展更多合作与共建，促进双方共同发展，实现共赢。"上海城投将进一步加强与各大高校、企业紧密对接，探索完善租赁住房保障体系，共同推动上海人才高地建设。

作为城投宽庭的首轮实践，江湾社区、浦江社区两个社区、4000余套租赁住宅正式开工建设，年内近900套房源将正式推向市场。未来，上海城投将全力以赴，继续以实现市民安居生活梦想、打造租赁住宅标杆为己任，勇当上海住房保障体系建设的主力军和排头兵，引领上海新时代租赁生活方式。

不同于传统保障性住房，租赁住宅没有入住门槛，在设计理念、配套设施、社区营造等方面有所创新，城投宽庭主要面向青年人才，设计特点比较鲜明。

　　"城投宽庭"含有公共配套、共享配套，以及商业配套。公共配套有接待大厅、公共厨房、健身房、娱乐室、休闲庭院、晾晒区等。共享配套有洗衣房、健身瑜伽馆、共享会客室、自助零售区。社区租户可使用"宽庭App"提前预约并完成付费。商业空间有创客空间、便利店、美食餐饮、药店、水果集市、各类文创小店等。

　　此外，上海城投还与复旦大学签约，加强在人才租赁住房领域的合作，探索以整体租赁、集中管理方式，建立人才租赁住房服务体系。

绿色江湾·活力江湾（黄伟国　摄）

浦江一湾

圆梦

新江湾城发展升级阶段：经济发展新常态阶段，呼应上海迈向卓越全球城市和具有世界影响力的社会主义现代化国际大都市的要求，新江湾城继续深入内涵式发展，打造『创新之城、人文之城、生态之城』。

第一章　展现新江湾城发展的历史脉络

在探索中前行，在创新中发展。

新江湾城 20 年开发建设历程，涉及经济、政治、文化、社会、生态等方方面面，引起了上海全社会的最大的关注，凝聚了不断创新、不断突破的磅礴力量，产生了远远超越新江湾城一个城区本身所具有的意义。

在新江湾城以城市更新带动城市建设转型的历史进程中，许许多多亲历者以日益积累的丰富资料，不断还原着历史的真实，做出了方方面面的阶段性总结，将这些总结串联起来，就能够全面地展现新江湾城发展的历史脉络。

1. 说说"新江湾城十年地王史"

我在整理新江湾城的开发历史时，发现，从江

合生江湾国际公寓开盘第一天（海国云　摄）

湾机场到新江湾城的转身，以至新江湾城的开发建设，始终都是人们十分关注的热点，其中，《新江湾城十年地王史》一文，我觉得最为系统。

宋家泰做过广告公司、代理公司、开发商，熟悉房地产营销全流程，《新江湾城十年地王史》就是他在 2016 年讲述着的关于地产的故事——

2006 年 10 月 20 日，我去新江湾城看一块编号为 C2 的地，下个月就要拍卖了，领导让我先写个初判报告看看。这块 14.4 万平方米、容积率 1.6 的地，后来金地没有报名参加招拍挂。11 月份，这块地被华润以 15.4 亿元拿下，楼板价 6676 元 / 平方米。

这篇报告现在还在我电脑里存着，那时候新江湾城核心区域里面，只有一个合生江湾国际公寓，那时成交均价为 11281 元／平方米。新江湾城边上还有几个项目，民京路 691 号的盛世新江湾，9599 元／平方米；闸殷路的雍景苑，9607 元／平方米；政悦路 588 号的建德国际公寓，9074 元／平方米。政悦路 288 号的东森花园，10537 元／平方米。

当时新江湾城非常安静，路上一辆车也没有，安静得能听到自己的心跳，一块又一块待价而沽的地，都长满了一人多高的草，更没有一点风，动也不动。

我看过《城市中国，一部可能改变中国城市命运的案例读本》，2003 年 12 月出版。里面提到王志纲当时在上海为城开集团的 1480 亩万源项目做策划。

经上海城开董事长倪建达引荐，2003 年 6 月 14 日，王志纲到达新江湾城项目现场，正式与上海城投接触，王老师说："新江湾城的问题不是规划的问题，而是要确定新江湾城在未来的上海扮演什么角色的问题，一句话，新江湾城缺魂。"

上海城投觉得王老师说得对，8 月份签了 001 号协议，据说是上海官方机构第一次和民间智库合作。

王志纲工作室开始为新江湾城做策划工作，最后给了"东方新硅谷、国际智慧城"的定位。

第一个地王：C1 合生新江湾国际公寓。

2005 年 1 月，新江湾城 C1 号地块对外招标，上海城投很重视这第一块地的出让，开发商不是谁钱多谁就能拿的，除了出让价格，还有规划方案、资金实力、开发资质等，都要综合打分。

当时一共有 6 家公司参与投标，有招商、中海、合生、嘉德、瑞安、上海古北，开标地点在浦东南路 500 号国家开发银行大厦，那时上海搜房网还在那里办公，上海合生的总经理贺大川还去看了一下代建功，代建功说："贺总你今天肯定能拿到地！因为只有你来我办公室了！"借代建功的吉言，虽然中海上海公司总经理葛亚飞也很想拿到这块地，但最后合生以微弱优势胜出，以 15.88 亿的价格拿下了新江湾城 C1 地块，楼板价 5660 元 / 平方米。

贺总后来告诉我，他很看好新江湾城的规划，曾为此做了一年多的准备工作，最终拿下了这个"一号作品"。

第二个地王：C2 华润橡树湾。

2006 年 11 月，拿到新江湾城第二块地的是华润，当时华润上海公司的总经理是陈凯，非常进取，以 15.4 亿元拿下 C2 地块。

后来随着上海房价的上涨，华润橡树湾改名字了，变成了新江湾九里，从走改善路线变成了走豪宅路线，风格也从英式变成了法式，不做叠墅改做大平层了，还找了星河湾同款的设计大师邱德光做室内设计，我 2012 年又去参观学习的时候，看了户型和装修，一阵恍惚，还以为到了浦东星河湾呢。

第三个地王：D1 九龙仓玺园。

2007年6月，拿下新江湾城第三块地的是绿城，以12.6亿元拿下D1地块，这块地5.9万平方米，容积率1.7，折算下来楼板价要12500元/平方米了。这个项目绿城做了精心设计，信心也很强，一切都按照绿城当时最好的产品线做。

于是就把这个项目和九龙仓杭州蓝色钱江项目的40%权益换了一下，九龙仓100%持有了D1地块，命名为九龙仓玺园，这个也是九龙仓在上海的第一个项目，为此成立了九龙仓上海公司。

九龙仓拿到这个项目后，在原来绿城设计的基础上，又做了一些优化。原汁原味的绿城建筑设计，景观、会所、装修做得都很棒，全国各地同行参观络绎不绝。

九龙仓6月份开盘，是新江湾最贵的房子，但成交也很活跃，每个月都能交易四五套。

第四个地王：D3仁恒怡庭。

2007年11月，拿下新江湾城第四块地的是仁恒。仁恒创新了一种"叠墅"产品，整个小区做了大开挖，这样地下室也变成了全明的，1—2、3—4、5—6层都可以独立入户，装修也做了全面升级，比仁恒河滨城整整高了一个档次。仁恒怡庭上市的时候，正好是2010年10月份，上海限购政策刚开始执行，如果我没记错的话，怡庭是限购后第一个开盘的项目，公寓卖到了5万/平方米，叠墅卖到了6万/平方米以上，是新江湾城最贵的房子。

第五个地王：F世浦领世。

2008 年 1 月，拿下新江湾城第五块地的是铁狮门，以 67.517 亿元的总价拿到新江湾城 F 地块。成为上海历史上土地成交总价最高的一单，但楼板价并不高，只有 7498 元 / 平方米。

因为这个项目有大量的办公和商业，上海城投希望铁狮门把新江湾城的商业配套做出来，铁狮门也号称项目总投资要 25 亿美元，请了 KPF 做设计，说要盖 250 米高的杨浦第一高楼等，新江湾城的群众翘首以盼铁狮门，如久旱盼甘霖，期望今后在家门口就能看电影，下高档馆子，再也不用去五角场堵车了。

目前这个项目叫"世浦领世"，住宅部分由万科操盘，也就是现在的万科·翡翠江湾。

第六个地王：C6 中建大公馆。

2009 年 12 月，拿下新江湾城第六块地的是中建，以 37.2 亿元的总价拿下 C6 地块，这块地 11.4 万平方米，容积率 1，折算下来楼板价要 32489 元 / 平方米了，据说是中国首个楼板价破 3 万的地块。

因为容积率比较低，中建把这个项目规划成了叠墅 + 联排 + 类独栋 + 大独栋的社区，名为"中建大公馆"。

第七个地王：C5 加州水郡。

2010 年 11 月，拿下新江湾城第七块地的是合景泰富和富力，以 23 亿元获得 C5 地块。其实这块地原来是美国汉斯的，早在 2006 年 10 月，上海城投就以公司股权合作的形式，以 17 亿的价格卖了 C5 地块 70% 的股权给汉斯。

C5 是一块很大的地，占地 18.96 万平方米，规划建筑面积约 50 万平方米，有住宅、办公楼、酒店和商业。合景泰富和富力分了一下工，合景做住宅和商业，富力做办公和酒店。

嘉誉湾做了一个商业街区叫"悠方"，本来想招家乐福进来做主力店，但家乐福觉得这里的 10 号线新江湾城站是个起始站，只有单向人流，不愿意来，后来"悠方"招了城市超市，现在这里变成了新江湾城的商业中心，群众总算有买菜的地方了。

第八个地王：D5 庆隆地块。

2012 年 7 月，拿下新江湾城第八块地的是庆隆，以 6.1 亿元获得 D5 地块，地块面积不大，只有 4 万平方米，容积率 1.2，楼板价 12680 元，扣掉经济适用房和卫生医疗用地后，楼板价约在 1.6 万 / 平方米。

庆隆江湾城项目公示方案，选自微信公众号"上海楼典"，这块地再拿出来后，大家发现指标调整了不少，中小套户型比例加大到了 60%，套数不得小于 660 套，保障房面积要做 20%，还要全装修等。

第九个地王：D7 信达泰禾·上海院子。

2015 年 11 月，拿下新江湾城第八块地的是信达，以 72.99 亿元获得 D7 地块，扣掉保障房，楼板价要 6.3 万元 / 平方米，刷新了 2015 年上海土拍市场的最高纪录。

我也发现，在新江湾城住过一段时间的人，都很喜欢这片区域，因为绿化实在是太好了，又非常安静，很适合跑步，湿地公园颇有野趣，孩子们很喜欢，因为都是新房子，城市形态很漂亮，教育配套也很完整，杨浦、虹口、宝山人民觉得这就是高档住宅区了，甚至不少浦东的客户也搬到了这里，改善型客户也会尽量买在这个区域。

第十个地王：B3。

2016年7月29日，新江湾城的第十块地，B3将公开拍卖。这块地也不大，只有60亩地，39806平方米，容积率1.5，可以盖59709平方米的房子，起价20.9亿，起始楼板价35000元/平方米。

我觉得如果能够做出90平方米的3房户型，收纳功能强大、装修配置高、科技水平不错的房子，将来卖到10万/平方米也不是不可能的。

2. 值得一读的"新江湾造城记"

《新江湾造城记》一文来源于2012年10月9日解放网——《解放日报》，说的也是10年，不过，却是2012年之前的10年。

"要把新江湾城建设成21世纪知识型、生态型花园城区。"正是世纪之初，市领导在现场调研时提出的目标，改变了新江湾城的命运。原本仅作为上海动迁房居住区的新江湾城，一跃升为代表新上海生活梦想的新城区。领到任务的上海城投·置地集团，在上海城投公司总经理孔庆伟的带领下，潜心制定了"三步走"的战略。历时10年，打造了一座"新江湾城"。

十年之后，曾经驻守此地的空军战士如再度飞行，必定认不出这个地方了，这里河流蜿蜒、绿树环绕，各式楼宇错落分布，早已不是昔日景象。就是附近的老居民，恐怕也找不回昔日的感觉了。驱车从最南端进入，看青草遍野、波光涟涟，灰色的路面在远处的浓绿中渐渐隐去，恍如隔世。

这里是过去的江湾机场，现在的新江湾城。

南接五角场，东邻中原新村，西倚逸仙路高架，北至浦江沿岸。2001年，面对一块9.45平方公里的土地，上海市委、市政府提出要将新江湾城建设成为"21世纪知识型、生态型花园城区"；2012年，远超乎当初想象的一座"绿色生态港""国际智慧城"，在废弃机场的旧址上熠熠生辉。

创造这个奇迹的，正是悉心耕耘、十年如一日的上海城投置地集团。

上海城投对开发新江湾城很有耐心。

按常规做法，这片土地会被规划为住宅、商业、配套设施，然后按面积和种类，一块块地卖给开发商。

城投没有这么做。他们先为这片土地建好所有的地下基础设施和市政道路，然后造出河流和植被。等这一切完成后，再卖地盖楼。

一座新城沿着这样的脉络悄然崛起。

这并不是城投人心血来潮。作为市中心唯一的集约化成片开发土地，新江湾城生态资源丰富、保护程度良好，完全值得以全新理念从头打造。

上海城投在上海首次应用的"熟地开发模式"，后来被广泛应用于上海城市建设中。

　　如今的新江湾城水系，北接黄浦江，南与市内河道相连，两个口子都由泵站控制，以平衡区域内部的水量。水系内部以新江湾城公园为中心，依势蜿蜒环绕，几乎每个街区都有触手可及的水景。水系构成了新江湾城的"骨架"。"骨架"之上，道路和绿化如血肉般地有机长出；"骨架"之下，高标准的地下管线保障着整个体系的有序运行。

　　步入新江湾城，有水、有绿，移步易景，称它为居住社区，毋宁说是一件巨型的艺术品。

　　景观并不是孤立地存在，是要与功能设施融合的。

　　生态湿地"永不开发"，滑板公园面向国际，中福会幼儿园将总园从城中心迁来。这些"高配置"、甚至"超高配置"的功能设施，与初期建设的水系、管道、道路、绿化融为一体。

中国福利会幼儿园

复旦大学新江湾校区也完美地镶嵌在新江湾城中。正门位于新江湾城主干道淞沪路上，驱车经过向内望去，欧式古典风格的环形新图书馆环抱着人工湖，与周围环境浑然一体。

"熟地开发模式"的优势显现出来了。在社区开发之初，即由一级开发商对各项基础和配套设施进行总体规划，既能保证各项工程的质量水平，又令各项工程之间彼此协调，相得益彰。但这样的模式对一级开发商的要求非常高，不仅前期投入大、需要调动的资源多，更无法在第一时间看到回报，整个团队须有极强的意志力和执行力。

更考验开发商实力的是配套设施的品牌引进。在这个过程中，要求一级开发商超越自身利益，在政府、机构、公司多方之间沟通协调，努力创造一种多赢局面，才能整合力量，使土地价值得到最大提升。

新江湾城是北部高端住宅区，但更是政府心目中引领经济社会协调发展的一支标杆、一台引擎。"当初方案几经调整，也是为了达到一种效果。"

新江湾城要"嵌"在周边环境中。

众所周知，新江湾城的东西两侧，都是旧式小区，东侧的中原新村更是知名的人口稠密区。尽管新江湾城相对独立，但东西两边的交通干道外侧，仍有宽而人性化的绿化带，也就是说，这一片绿色，实为周边居民所共享。

除了高档楼盘，新江湾城还配套建设了人才公寓和公租房，这实在是一种社会责任的体现，这种责任感，体现在上海城投"三步走"战略之中：引进房产，精心甄选开发商的品质；科技园区开

人才公寓

发，创造"三区联动"的模式，科技园区、大学校区和居住社区充分互动；产业与城市交融，社区向社会迈步。

十年磨一剑的大气，在这个尺度上格外清晰。

十年一城。从 2002 年到 2012 年，在这块中心城区最后的空白土地上，城投人创造了一个奇迹。

"新江湾城是不可复制的。"几乎每个受访者都这样说。

在新江湾城的设计与开发中，有这样几个关键词必须关注：

首先是"严谨 vs 散漫"——

四个国家的设计师事务所参与了新江湾城设计的投标：美国、德国、澳大利亚和意大利。最后采用的方案，大致以美国方案为蓝本。正如现在人们看到的，美国方案在整个区域里用河道画出漂亮的弧度，其余一切顺势而生。

不过，大概不会有人想到，这个创意来得有点阴差阳错。当时设计院把江湾机场的航拍图给了美国设计师，模糊的图片上，巧合地出现了一条弧线。"如果这是一条河道……"

于是妙笔生花。

与之相映成趣的，是德国和意大利的设计。区域内，居民小区被严谨地划成方块，每一块都有固定的功能，整体组成一个协调的社区。

看似散漫的方案，赢过了首尾有序的规划。这绝不是对新江湾城的发展"放任自流"，而是对一片土地发展空间的尊重、对多元开发理念的包容。

其次是"理念 vs 实用"——

新江湾城文化中心，位于新江湾城腹地。造型颇为大胆：建筑的外立面从颜色到形状，都极为流畅地与内部空间融为了一体。

文化中心由城投自行筹建，是新江湾城最初开建的几个建筑项目之一。担纲的设计师是曾经设计过上海科技馆的美国 RTKL 设计师事务所副总裁刘小光。其"有机建筑"的理念，将整座建筑立在公园水系之中，既要完全融入周边环境，又如此符合新江湾城的气质。建成后，文化中心成为了新江湾城的地标建筑。但作为一级开发商，应该如何平衡"理念"和"实用"？日后的项目中，这一点被越来越多地考虑。

再次是"独立 vs 协调"——

新江湾城是高端住宅区，定位明确，功能清晰。但一座新城，与所在地区应有怎样的关系？

尽管新江湾城本身是空地，但周边并非不毛之地。如何与周边的环境相协调，从一开始就放在规划的重要位置。现在的做法，是借鉴了德国方案中的亮点。新江湾城南北长，东西窄，主干道是中间的淞沪路。但在东边的闸殷路侧，布置了宽阔的绿带。

这意味着，新江湾城周边的居民，抬头所见的并不是内部的住宅楼，而是属于公共资源的绿化带。而对于内部的居民而言，沿宁城路由东向西行驶，进入闸殷路，眼前渐次开阔，如同缓缓进入国外的低密度小区，私密性也得到保护。这样的协调，当然就体现在作为一座新城所承担的社会责任上。

最后一个关键词是"内省 vs 开放"——

在开发新江湾城的过程中，上海城投反复强调一对概念："内省式开发"和"开放式开发"。

内省式开发是城区生命的根基。一言以蔽之，就是要通过种种办法，让新江湾城区别于其他任何成片开发的土地，有独特的"标志"。

熟地开发模式即是内省式开发的基本理念。整个城区基础设施和功能框架的搭建，都围绕着"国际""生态""智能"的核心目标进行，满足人们回归自然、享受生活、学习发展的多重需求。

在"生地"上投入的巨大投资和心血，最大程度地调动出了这片土地的潜力，"内省式开发"让土地价值得到了最大程度的体现。

不过，我们可以肯定：十年磨一剑的新江湾城，目光里远不止十年。

3. 请听一个街道党工委书记的口述

蔡祺龙，是新江湾城开发和建设的参与者、见证者之一。

1950 年出生的他，曾是江湾新城街道筹建组组长、党组书记，最早的新江湾城街道办事处主任、党工委书记，大约是 1998 年从区府办公室调来筹建组的。让我耳目一新的是，新江湾城街道（筹）成立之初，新江湾城街道（筹）办公用房借用江湾机场弹药库附近的营房，在诸事还未全部落定时，他首先想到，作为一级政府部门，应该在这里升起一面国旗，于是，我就在这里看到了这面五星红旗。屈指算来，我与他认识也有 20 多年了，我们一直相处得很好，他常常对我说，我们是因为这块土地走到一起的，你是从市府机关走出来，我是从区府出来的，回忆整个机场的开发，街道、新江湾城公司、部队三家，最得意的是在推进开发过程中，我们一起努力，创建了军、政、企三方共建的工作机制。

　　2018 年 3 月 15 日，他以饱满的情感，深情地口述了自己的亲身经历——

　　新江湾城位于上海中心城区东北部，行政面积 8.6 平方公里，是上海市中心城区最大的成片开发土地，经过一代代建设者的不懈努力和奋斗，新江湾城已形成了生态环境优美、人居氛围和谐的人文生态品质示范社区，正在成为杨浦国家创新型试点城区的亮丽名片和上海中心城区璀璨夺目的"绿宝石"。

　　先说从江湾新城到新江湾城的变化。

　　新江湾城区域曾经是空军江湾机场，1994 年机场停飞并撤离，1996 年移交给地方，实际上 1998 年才划归杨浦区。1998 年，新江湾城街道（筹）成立，于 2003 年正式成立新江湾城街道党工委、办事处。这个背景要大致交代一下。

　　为什么要提江湾新城呢？这是一件很有趣的事情，现在大家可能不太在意这一点。1996年市政府收购新江湾城以后，成立上海市江湾新城开发有限公司，对6平方公里的土地做了一个很大的规划（因为其中约2平方公里是属于部队的，我们现在讲就是淞沪路以西的地方）。当时规划的主要思想就是尽快开发，于是就计划建成类似殷行街道的大型居民住宅区，没有城市的功能，还需要通过土地的运作开发将36亿的土地费用付上。这个规划现在唯一留下的就是时代花园小区，房价也不高，但可以看出，这个小区的建设与其他小区完全不一样。

1996年到1998年，部队调防之后，土地出租，这个地方成为上海最大的"城中村"。二房东从部队租到土地后，在这里用石棉瓦随意修建大量简易棚，一个棚子大概10平方米以内，除了电，饮用水、道路、排水等其他设施都没有，大量外来人员居住在简易棚里，各类人员混杂，没有人口管理。当时大约有两万多人口，没有确切统计数字，很多社会治安、食品安全的隐患应运而生。

1998年，我记得是在一个星期内，市委发了3次督办件，要求必须解决"城中村"问题，不要让其成为上海社会稳定的一大隐患。杨浦区委决定成立一个整治江湾新城的组织。1998年5月18日，区委从各部门抽调80个人，其中15个人是基本班子，成立江湾新城（筹）。区委主要领导亲临现场坐镇指挥，市、区政府直接给我们经费，给我们很大的支持。

筹建组成立后的第一个目标就是整治"城中村"问题。但在这块土地上，工作很难做，需要智慧与技巧。我们需要整治棚户区混乱问题，市、区主要领导要求我们要与部队方面积极协商沟通，努力达成共识，不能出现裂痕。我们向部队讲述了现存的很多危险、隐患，他们也觉得这样下去要出很多问题。所以，我们同部队的关系是从不理解到理解、从理解到支持、从支持到配合的过程。

随后，我们具体工作就是现场测绘，画出地图，把二房东地块统计清楚，并要求所有住户必须全部办理暂住证，工作量很大。原来我们以为可以用派出所户口本，结果发现民警根本无法开展工作。人口流动性太大，这个人今天在，明天又不在，有时候，一看警察来，他们就跑掉了。他们也不需要搬家，行李很简单，几个袋子一拎就走掉了。清查工作很辛苦，我们筹备组天天中午吃盒饭，吃了 6 年盒饭。记得当时区政府的领导、朋友们给我们送了一卡车矿泉水，但是一个星期就消耗掉了，80 多个人，天气又热，一个人一天两三瓶，消耗快得不得了，由此可以看出当时的工作强度。

从江湾新城变成新江湾城的转变，这是一个发展过程。在当时的开发过程中，市里主要领导，踩了急刹车，提出了把江湾新城的规划全部做修改，重新规划，开发公司的牌子也暂停。为此，市规划局、杨浦区政府及市城投公司研究制定《新江湾结构规划》，明确"绿色生态港，国际智慧城"的规划定位和"先配套、后建设，先环境、后建筑，先地下、后地上"的建设理念，以"生态人居"为目标，着力凸显"水系网络、渗透绿化、知识社区、公交导向、环保系统、人性空间"六大特色，并重新开始国际招标，征求规划方案。在美国、澳大利亚、意大利、德国 4 个国际规划方案征集成果上，新江湾城用地结构方案整体优化，确立"21 世纪上海的花园城市和生态居住区"的地区发展目标。

这就产生了"国际化、智能化、生态化"的新江湾城规划，当时提出这个规划起点是很高的。首先进行环境绿化，配套地下设施，建造体育馆、中央公园、文化馆，还有学校等，这些设施全部完善后，再来推出土地，这是一个很大的创新。

总结来讲，江湾新城规划设计以建设住宅区为目标，而新江湾城则是一个新的规划，以建设"21世纪上海的花园城市和生态居住区"为目标。从江湾新城到新江湾城的变化，不仅仅是规划的转变、工作的转变，更重要的是城市建设和管理理念的根本转变。这是一个创新，也是一个新的起点。

再说以不断的创新管理理念，打造新社区。

从江湾新城到新江湾城的规划转变之后，我们社区管理方式、工作理念也随之转变。随着杨浦国家创新型试点城区建设目标的确立和杨浦区"十二五"规划中关于新江湾城"国际化、智能化、生态化"社区建设目标的确定，众多国内外知名企业相继参与到新江湾城的开发建设中，在此背景下，我们街道管理理念不断改进、创新，为新江湾城人文生态社区建设奠定基础。

首先是"军、政、校、企"四方联席会议机制的建立。新江湾城在建设初期，主要涉及军队、政府、复旦大学和新江湾城建设指挥部四家单位。军队原本驻扎在这里，新江湾城建设指挥部负责土地开发，复旦大学则要在这里建设新校区，我们街道筹建组则负责管理。在开发建设初期，因为管理体制不同，所以四方关系并不如后来那样融洽。我们筹建组、建设指挥部、军队在城市管理建设、房屋出租改造等方面是有一些矛盾的。记得当时的复旦大学领导第一次来看新校区土地时，就遇到一些困难，迫不得已来寻求我们街道的支持。

2003年的"非典"事件给了我们处理四方矛盾一个很好的历史

机遇。因为"非典"的事态严重，大家对"非典"的认识提高到一个政治的高度。区领导很重视，我们就此采取了一系列整治方案。刚开始我们街道召集各方开会，都不愿意参加，只派一般的工作人员参加。我们就挨个登门，给各方送去关于"非典"的方案，要求各方写一份承诺书，承诺所辖地区不出问题。"非典"时期，只要有疫情，街道就通报疫情所在单位。"方案"送出去以后，非常有效。第二天上班，我刚进办公室，发现办公室早已坐满各部队首长、新江湾城建设指挥部领导和大学筹建组人员。他们表示，街道有什么要求，他们全部照办。借此机会，我们有效协调了"军、政、校、企"四方关系，成功渡过了"非典"危机。在这个基础上，我们建立"四方联席会议"机制，将其制度化。一个季度开一次，四家分别做一次轮值主席，负责召集、安排，提出会议议题。联席会议目的，一是沟通以往工作，二是共同协商制定工作目标、方向，三是联络感情。因为四方行政级别不一样，部队领导是师级干部，新江湾城建设指挥部是局级单位，复旦大学校长是副部级，我们街道最小，只是一个处级单位。但四方联席会议可以让我们平等地坐下来，共同协商、交流。这个机制在当时条件下是很有意义且很有实效的。

其次，建立"双版主双进入"的社区管理模式。这是我们街道较早利用网络论坛创新推出的，得到市里的充分肯定。早期网络不发达，但有论坛。刚开始我们发现这里有一个论坛很活跃，尽管人数不多，但呼应量很大；很多群众在网络上反映的问题，我们并没有感觉到，因为当时查看网络论坛并不作为我们日常工作的范围。我们之前了解民情的方式是实地走访，面对面听取群众的声音。但是随着现代化社区的建立，人们观念的转变，串百家门变得越来越困难。小区的居民不愿意你进入他的房间，也不愿意你了解他们家的事情。虽然，现在情况发生了变化，但为人民服务的初心不能变，所以我们就抓住机会搞"双版主双进入"管理模式。初期我们有很多困难，技术不够，没有队伍，进不去别人的论坛。但我们还是坚持，自己另外做了一个论坛，我们要求所有的居委主任都做版主，抓日常生活的共同点、兴趣点，搜集社区矛盾，解决矛盾。当时我们花了很多钱，给每个居委都配电脑，在当时，配电脑是很奢侈的一件事情。这个其实就是规划中"智能化"的体现，这个工作很有效，带来工作方式、理念的转变。

当然，事物总有两个方面，通过网络工作也有一个问题，那就是和居民面对面接触的机会少了。所以我们当时还是建立每个月下里弄、干部分片包干的制度。街道本身在一线，结合区委提出的"一线工作法"的要求，将网络与实地走访相结合，相辅相成，才是不忘初心。我们当时也做了很多有利于民众的事情，其中一件就是和长海医院联手开展爱心帮助，共同救治一位得白血病的军嫂。我们为她筹集手术费，还免掉很多费用。《解放日报》《文汇报》都专门采访报道过这件事情。此外，我们还尽力帮助安置军嫂，解决子女入学问题，建立垃圾收集点、绿化环境等，这些例子很多。

现在"双版主双进入"变成"观潮新江湾"App的办事终端。我们大约8平方公里的范围，只靠一个行政服务中心是不行的。我们把办事终端分布几个点，民众最多跑一趟，统一受理，这就方便多了。

最后，说说新江湾城人文生态建设的新理念、新发展。

人文生态建设在新江湾城的初期规划当中就占据非常重要的地位。2001 年 8 月，时任上海市副市长的韩正同志在新江湾城调研时，就提出要将新江湾建设成"21 世纪上海的花园城市和生态居住区"。十几年来，我们新江湾城一直以"生态人居"为发展目标。

　　经过多年发展，新江湾城已经成为上海的"绿肺"，至 2017 年底，街道辖区绿化覆盖面积为 297.04 公顷，绿化覆盖率为 33.89%；新江湾城公园占地面积 7.35 公顷，实有人口人均公园绿地面积约为 18.85 平方米；有上海市花园单位 2 个，上海市绿化合格单位 4 个，创建成上海市绿色小区 1 个、杨浦区绿色小区 5 个。同时，街道也建成了三纵六横的河道，形成水面率达 8.7% 的网络状水系。在土地出让时，也明确要求开发商建设生态建筑，使用绿色节能材料及生态环保能源。

　　具体来讲，我们街道历届班子作了几方面的努力。一是打造生态化生活区域。新江湾城构建了由生态源、生态走廊、新江湾城公园、居住区绿化、道路绿化组成的多层次绿化体系，以及水系相互交融的生态环境，同时建设文化中心、体育中心、绿色生态教育基地等配套设施。此外，每年还投入大量市政绿化管理经费，开展绿化、路面、桥梁、管道的养护以及河道保洁、人行道翻排等管理工作。

　　二是积极推进垃圾分类减量的活动。新江湾城作为 2011 年上海市生活垃圾分类减量首批试点社区之一，街道研究制定《生活垃圾分类促进源头减量实施意见》等七大制度文本，组建垃圾分类指导员和分拣员队伍，共同参与生活垃圾分类减量试点工作。此外也开展专题培训，广泛动员居民从自家厨房开始自觉落实垃圾分类，推动"政府主导，社会协同，居民参与"的全民行动。垃圾分类减量成效显著。新江湾城还是 2012 年"百万家庭低碳行，垃圾分类要先行"市政府实事项目 6 个示范试点的街道之一，雍景苑等 4 个小区荣获"市政府实事项目示范小区"。随着上海垃圾全程分类试点工作的开展，新江湾城街道选取了政立路 711 弄和尚浦名邸 2 个小区作为"生活垃圾分类品质提升项目"开展试点，并尝试将经验优化推广到全街道 50 个小区和 40 余家企事业单位，力争逐步实现垃圾分类工作的全覆盖。

三是生态与人文相辅相成，新江湾城在生态建设的同时，也非常重视人文环境的塑造。一方面，引进社会组织，充分发挥社区公共设施效益。例如先后引进弘娱、美再晨等公司参与社区体育场馆的管理，充分利用社区文化体育资源；与上海爱乐乐团、上海市文化艺术培训中心结对共建，将高雅、优质的文化资源引入社区人文建设；充分发挥社区体育俱乐部的作用，举办群众喜闻乐见的各类体育活动，丰富社区居民文体生活。另一方面，我们也非常重视社区安全的建设。例如我们建立了"社区安全体验中心"，组织居民、学生开展安全知识培训和各种安全体验活动；新增"地震体验馆"，开展"5·12"防震减灾综合演练，加强社区安全、综合减灾、防震减灾宣传教育工作。此外，改善民生、为民解忧，更是我们的工作常态。例如开通社区穿梭巴士、新建社区卫生点、开设"都市菜园"社区店等，这些活动有很多。正因如此，我们获得了很多荣誉称号，在上海市"零点公司"对居民的安全感、满意度抽样调查中，我们街道得分连续三年位居全区前列，连续三年获得"平安社区"称号，连续两年获得上海市"双拥模范街道"荣誉称号。

我们新江湾城还获得世界卫生组织授予的"国际安全社区"和联合国开发计划署、环境规划署授予的"国际生态型示范社区"称号。这两项称号的评审机构是国家相关部门和国际机构，当时我们充分认识到这些称号对社区建设的意义，就积极申报。要想获得这些称号，必须符合其各项标准，完善各种社区配套设施。比如评分标准要求社区要围绕安全问题开展公益活动，我们就根据自身情况，以"防止老年人摔跤和河道的安全"为主题。我们这里水系发达，开发初期每年都有人淹死，为此安排专人巡视管理，预防、疏导民众的钓鱼、游泳活动。

还有个关于风筝节的例子。当时发现在新江湾城有一些居民，天天来放风筝。初期有人说要把他们赶走，我说不要赶，要疏导，把他们招募过来，组织壮大起来，作为我们街道的一支队伍，后来就成为一个街道特色品牌——风筝节，到现在每年都还在举办。当时有人跟我说这个开销很大的，我说很简单，我们那时候开会要挂标语，要两个大气球，我们可以跟他们合作，用两个大风筝一飞，把这个标语挂上面，这不很好嘛。我们一年少开几次会，省下的费用就够他们的活动经费了，后来风筝节变成我们街道非常有特色的社区文化。

我觉得人文建设，就是要从老百姓的需求方面出发，有提炼、有层次，使有内涵的东西不断得到发展。新江湾城建设高档社区，但不能仅仅停留在高档上，而是要从文化内涵、老百姓触及面去寻求，是多元的、多层次的发展。从江湾新城到新江湾城的转变不仅是说法上的变化，而且是理念、观念的改变。人文这个东西，从自我的管理一直到社会的管理都很重要。包括我们干部队伍建设，除了自身思想政治建设外，实际上人文的建设也是很重要的。上海现在讲优化营商环境，实际上这个我们街道原来搞经济的时候也一直在提，让企业少跑两趟，我们多跑两趟。这个理念我们的干部一定要坚持下去。

新江湾城发展到现在 20 年，街道成立也 15 年了，一个"国际化、智能化、生态化"的高品质现代社区已逐步成型，街道先后被授予"国际生态型示范社区""国际安全社区""全国综合减灾示范社区""上海市园林街镇""上海市扬尘控制街镇"等多个荣誉称号。目前，按照市、区要求，我们正在努力推进新江湾城宜居宜业宜创生态化社区建设。新江湾城不是一个完美得没有短板的社区，还有不足之处，所以我们还要不断努力，一代一代去做好这个工作。要沉下心来，不忘初心，去寻找问题、解决问题，这是我们新江湾城发展到今天一股不能缺失的精神，也是我们机关干部要树立的一种精神。

回顾新江湾城 20 年的发展，我觉得可以总结为三个词：与时俱进、勇于创新、不忘初心。第一个是与时俱进，整个新江湾城从发展到现在，是一个与时俱进的过程，不断发展的过程，今天的美好社区，是一个历史的过程，不是一蹴而就的；第二个是勇于创新，我们街道也不是一成不变的，许多规划、理念不是一开始就形成的，是在创新当中探索得出的；第三个是不忘初心，街道的初心就是为人民服务，为老百姓办实事，为建设新时代中国特色社会主义做贡献。

最后，相信我们新江湾城在未来能发展得越来越好！

上 海 新 江 湾 城 的

前 世 今 生

第二章　为上海城市发展提供示范案例

从无到有，从有到优，从优而享。

新江湾城 20 年开发建设，逐步绘制了人民群众对于美好生活的希望图谱，交出了一份体现民生意蕴的亮丽的成绩单，为上海城市发展提供了一个示范案例。

1. "生态绿宝石"璀璨夺目

众所周知，新江湾城曾是军用机场，也曾是都市里的一块待开发的"处女地"，经过 20 年的建设和保护，这里不仅绿树成荫、草木葱茏、碧波荡漾，而且还完好地保留了上海中心城区的唯一一块湿地，已变成了一大块"生态绿宝石"，散发出迷人光泽。

百年大学弥漫书香，品质小区错落有致，科技园区创意纷呈，"人文四季"活力迸发。

这里，被人们称作"生态之城"——

走出轨交 10 号线终点站新江湾城站，一幅美妙的绿色画卷就在人们的眼前徐徐展开：长长的生态走廊、新江湾城公园、保护完好的"生态源"、园林式道路绿带，处处被清澈的河水环绕的居住区，放学的中学生在绿荫中的慢车道上骑着自行车，不时有鸟儿唱着歌从树梢上飞掠而过。

十多年来，这片 9.45 平方公里的土地发生了令人瞩目的巨变：西北部是复旦大学江湾校区，百年名校因此有了更大的发展空间，紧邻复旦大学江湾校区的是湾谷科技园，其规模与辐射效应可以比肩美国硅谷。南部，是一个现代商业商务功能区。中部，则是以生态低碳为特点的国际化品质生活区，一个个小区、一栋栋住宅，点缀在绿树丛中。

绿，是新江湾城给人最深的印象。

水系，是新江湾城的灵魂，长 6.39 公里的小吉浦河是杨浦、宝山两区的界河……

这里，被人们称作了"宜居之城"——

从最初的几千人到 2010 年前后的 2 万人，再到后来的 5 万多人，随着新小区的建成，新江湾城社区人口不断增加。政立路第二居民区党总支书记、主任陈保银应该是新江湾城最老的居民了。1994 年，她作为部队家属入住民府小区。"那时候，新江湾城刚刚从宝山划过来，政立路还没拓宽，只有一些部队家属楼、参建房，绿化也没有，环境可以说脏乱差。"回顾当年新江湾城，陈保银感受到了翻天覆地的变化。

2000 年以后，新江湾城陆续建起了许多新的楼盘，入住居民逐渐增多。但是，多年来，这里很多地方还是部队管辖区，道路、学校、河道等不少民生问题一直没有得到解决。就说交通，公交车都进不来，居民出行十分不便，有的路口甚至还有战士站岗，市民的私家车开到此处只能绕道而行。2015 年，部队地块基础设施和配套的完善和移交被提上议事日程；当年的 11 月 8 日，区区对接道路殷高东路和殷行路实现了开放；2016 年初，军地双方又开通了殷高东路以北的 10 条（段）道路、支路。2016 年 12 月，殷高东路以南的 6 条道路，包括三门路、政青路、国安路、政芳路、清流环二路部分、政云路部分正式通车，标志着新江湾城路网全面贯通。

"通车当天，我就让先生开车，沿着新江湾城大小马路兜了一圈，好通畅啊！"陈保银笑着回忆。

新江湾城的公交线路最早只有一条 538 路，后来在大家的呼吁下，61 路延伸进来了，随后轨交 10 号线开通了。随后，解决居民出行"最后 1 公里"的 1201 路、1218 路和 1228 路社区巴士也开通了。在共享单车出现之前，2014 年，新江湾城街道就已经推出了公共自行车，来方便居民出行。

"原来吃饭都要跑到五角场，现在不用了。"轨交 10 号线终点站的悠方广场人气火爆，每个街区也都建成了小型商业中心，餐饮、购物都可解决，一个配套完善的宜居之城出现在人们面前。

这里，还被人们称作"人文之城"——

一张白纸上可以画最新最美的图画。

1.2 万平方米的文化中心、1 万平方米的体育中心和 1.2 万平方米的滑板公园先后落成。2015 年投入使用的新江湾城社区图书馆被誉为"最美社区图书馆"，图书馆藏书量达 2.1 万余册，通过与上海图书馆合作，为居民办理一卡通读书证，可以在全市范围内通借通还，此外，还会定期开展英文绘本阅读、朗诵、走近大师等系列活动。

从"新江湾城8公里跑"到"新江湾城10公里跑"再到2017年的杨浦新江湾城半程马拉松赛事……新江湾城业已成为"奔跑一族"的福地。而2017年杨浦新江湾城半马赛事，更是成为国内首个跑进高等学府的马拉松赛事。

长跑，是新江湾城"新城四季"品牌活动之一——秋季运动季。在新江湾城街道办事处制定的工作计划里，可以看到正在打造的"品质新江湾城，文化四季行"，一年四季都有文化体育活动。

讲到跑步，我不由就会想到一个有趣的故事：从2014年开始的杨浦"8公里"长跑，到如今已经是第六个年头了，新江湾城长跑赛事的发展过程其实也是新江湾城整体城区的建设发展过程。我有幸连续四年被邀请上主席台，亲身参与并见证了这一盛大赛事。记得2014年10月19日，当时举行的杨浦新江湾城8公里跑，围绕淞沪路第一景展开赛事。随着新江湾城建设发展，2016年举行了以"杨浦动起来"为主题的10公里跑，2017年11月举行了上海杨浦新江湾城半程马拉松，至2018年成功升级为国际马拉松赛事，线路从尚浦中心江湾城路出发，半程马拉松的终点设在复旦大学江湾校区，全程21.0975公里，赛道全程串起了杨浦的自然风光、人文景观，全方位展现了杨浦城市建设的亮点、创新发展理念，以及高校人文景观，无一不见证新江湾城作为国际生态城区的前瞻性和影响力。

新江湾城的四季是饶有情趣和文化品位的四季。

2011 东方风云榜

春有风筝节。新江湾城环境舒朗、视野开阔、空气清新，最适合放风筝。2017 年 4 月举办的"睦邻风筝节"已经是第 11 届了。"儿童散学归来早，忙趁东风放纸鸢。"古人诗中的这一幅画面，在新江湾城尽情展开，而街道也有不少风筝传人正在申报上海市级非遗项目："海派风筝的制作与放飞"。

夏是阅读季。结合暑期的学生活动，新江湾城会定期举办诗词歌赋朗读活动，社区诗词大会不仅吸引了众多学生，同时也感染了许多学生的家长。

秋是运动季。除了常规举行的长跑，还会开展精彩纷呈的社区体育大联赛，赛事内容包括篮球、足球、乒乓球、羽毛球、游泳和弄堂九子游戏。

冬是音乐季。新江湾城街道和上海爱乐乐团有合作，在每年圣诞、新年，都会请乐团来到社区文化中心演出交响乐，这一活动深受居民的喜爱，票子常常会被"秒杀"。文化中心的剧场可以容纳近 300 人，这在其他社区并不多见。

2010 年，新江湾城被联合国开发计划署及环境规划署命名为"国际生态型示范社区"，获得国务院住房和城乡建设部颁发的"中国人居环境范例奖"，2019 年又成功创建上海市园林街镇，这块和谐宜居、充满人文气息的"生态绿宝石"，因此受到中外瞩目，显得格外璀璨夺目。

2. 不断体现民生意蕴

在上海城投的制定并实施的规划中，新江湾城的民生意蕴不断得到体现——

更富魅力的幸福人文之城不断营造。强化社区概念，深入打造社区功能，营造开放、交流、多元的社区文化环境。充分认识公共空间对社区安全和亲情的围拢作用，通过社区公共空间的深入打造，促进社区思想、文化交流，激发城区内部活力，形成可承续的文脉和特色。

更可持续发展的韧性生态之城不断建设。继续维护好新江湾城原有的生态基底，要最大程度集约利用资源，创建健康、清洁、高效能、碳足迹最低化的宜居宜业宜创城区环境，并为城区的可持续发展预留资源和空间。

与此同时，功能要素配置不断完善。推进新江湾城内国际化要素的引进和建设，在区政府主导下加快国际学校的引进，加快实施国际医院等要素的引进工作。不断优化形成符合卓越全球城市要求的功能配套布局；陆续推进打通与周边区域连接的道路，使新江湾城进一步发挥对周边区域的资源辐射和对接作用；推进未开发地区进行规划和建设，目前主要剩下北部与宝山相连的区域尚未开发，土地属性主要为居住用地。该区域是黄浦江两岸开发北部重要景观和功能区，未来将配合上海城市总体开发要求，发挥土地的弹性适应功能，进一步优化调整空间功能和形象，形成浦江北岸新的特色滨江带。

在《呈现区域规划建设新范例、承载上海城市发展新梦想》成果总结报告的结语中，我们可以看到这样的充满激情的表述——

新江湾城规划和建设的 20 年，始终立足城市更新。我们不断努力向上海城市发展提供一个引领发展方向的先进开发理念，一个应对资源约束的集约开发方式，一套容纳多元需求的系统解决方案。我们以人为本、善用资源、运用智慧，促使新江湾城成为展示这些创新理念、开发模式、标准体系的空间成果。

新江湾城，"新"，是超越与革新；命名"江湾"，因为这里是黄浦江的第一道弯；"城"，是我们在这片土地上的绵延建设。秉承对上海这座城市的深厚感情，我们在此探索、实践、深耕，希望为上海城市发展探寻一条创新之路，使新江湾城成为"让生活更美好"的"21 世纪知识型、生态型花园城区"，承载人民对生活的新梦想。我们希望，在这里，你可以对建筑阅读，可以去街区漫步，可以在公园休憩，可以感受城市的温度。

3. 实现资金集约利用的效益最大化

新江湾城 20 年的开发实现了自主化的收支平衡，打破了原有成片土地开发投入巨大且分散的弊端，实现了真正的资金集约利用的效益最大化。

新江湾城的收支平衡主要源于：

一是投入和收益的有效循环，城投用于前期基础设施和公共资源配置的资金投入主要来源于不同阶段的土地出让收益平衡。城区规划的前瞻性、科学性和可操作性，为城区土地价值的溢出奠定了基础；一二级开发的合理时序安排确保了资金链的安全。

二是创新的开发模式和科学管控，促使管理效益产出最大化。

技术管理方面：以科研工作领导技术管理，形成技术标准并广泛推行。研发的"生态步道""生态型护坡""生态水洼"获得实用新型专利。形成的"新江湾城生态技术研究与应用"成果获 IFLA（国际风景园林师联合会）一等奖；开展了"新江湾城熟地开发新模式的探索与实践""新江湾城生态社区的建设与管理""知识型、生态型城区公共服务设施建设的管理实践""节能省地型绿色建筑项目建设与系统化管理"等课题研究，均获得上海市企业现代化管理创新奖项。研究编制了生态导则、建筑绿色指标体系、智能化导则等，进而参与了上海市工程建设标准的编制，对新江湾城自身开发及行业推广实施形成了指导意义；以 BIM 平台提升管理水平，统筹多系统建设。我们在行业内较早地实施了信息化、数字化管理，以城投自用办公楼、湾谷科技园等示范项目为引领不断推行 BIM 平台的应用。在案例实施基础上，进行了课题研究和标准编制，在业内建立 BIM 平台示范标准。完成住建部科研示范项目"建筑信息模型（BIM）技术系统研究与应用"的课题。启动了基于 BIM 的项目管理平台研究课题工作。

成本管控方面：以成本目标为蓝本，实施过程中注重成本测算分析，项目销项阶段落实财务审计工作，有效实行投资成本控制。2006年6月，上海城投委托编制了《上海城投新江湾城土地投资测算调整报告》作为成本控制目标，总投资为74.49亿元（不含F区）。2011年根据新一轮的投资测算将投资控制目标调整为72.93亿元。目前，实际投资控制在目标范围内。

建设管理方面：与同济大学管理学院对公共建筑项目开发建设管理进行课题研究，完成住建部《大型公共建筑后评估》；以开发大纲为引领进行项目的有序高效实施，注重项目推进的效率、品质和安全管理。

资金投入——

新江湾城投资从原来的收支自平衡模式转向"收支两条线"的模式。原实行土地出让收入30%上交政府，70%由上海城投用于后续投资的分配机制。2006年国务院办公厅国办发《国务院办公厅关于规范国有土地使用权出让收入管理的通知》后，明确国有土地使用权出让收入取得的全部土地价款从2007年1月1日起全额纳入地方基金预算管理。2008年上海市政府办公厅转发市发展改革委等三部门《关于规范本市国有土地使用权出让收支管理意见等三个文件的通知》明确上海市国有土地出让收支全额纳入地方政府资金预算管理，收入按70%:30%比例分别缴入市、区县两级国库，支出一律通过地方政府基金预算从土地出让收入中安排。

截至目前，新江湾城开发资金投入达到收支平衡，满足长期滚动开发需求。截至2017年底，项目共计收到建设资金63.92亿元，其中：2007年前，土地出让收入55.36亿元，大市政配套费收入 1.09 亿元；大市政配套费收入 2.25 亿元，财政补助收入 5.22 亿元。上海市财政收取新江湾土地出让金共计 268.79 亿，其中：2007 年前 12.60 亿；2007 年后 256.19 亿。共计完成投资 61.68 亿元。根据新江湾城地块发展建设实际情况，预计未来 5 年总投入约 2 亿元。

投资回报——

（1）经济效益

一是新型熟地开发提升土地价值。截至目前，新江湾城已通过协议出让和招拍挂等形式向二级开发商共出让土地面积 297.62 万平方米，约占新江湾城整体可出让土地的 80%，吸引各大国际知名开发商进入。根据《新江湾社区（N091102、N091104 单元）控制性详细规划》，新江湾城尚有未出让土地面积 62.17 万平方米。其中，住宅用地 27.52 万平方米，商业（商办）用地 3.23 万平方米，公建用地 10.50 万平方米，未明确用途土地 20.92 万平方米。

二是产城融合规划和企业引擎导入带来产业集聚。新江湾城产城融合的规划理念和居住、产业空间的同步建设，促进了居住人口和产业人口的同步导入，推动城区繁荣。城区内湾谷科技园高科技产业集聚区和南部知识商务区两大办公产业集聚区的规划和落实，形成新江湾城产业导入主力区域，精准的园区定位和引擎企业的大力导入，促进产业生态圈的快速形成。城区内已引进企业约 450 家，主要分布在南部商务知识区、湾谷科技园、星汇广场、嘉裕国际等商办园区内，主要导入信息、科技、文化等高新、创新产业。引入的产业引擎企业和世界 500 强企业，可形成有效的产业聚拢和辐射作用，并为区域税收做出较大贡献。

（2）社会、生态效益

新江湾城先进的规划理念和实施有效实现了社会、文化和生态资源在城区内的均衡配置效应和与区域相连的辐射效应。社会效益：新江湾城依靠自身优越的生态环境、规划标准、产业基础、生活配套等基因，社区建设品质和管理模式与国际标准及趋势接轨，已经被市场认定为高品质居住地。社区80%以上居民对小区物业和治安状况表示满意，社区认同感强。新江湾城街道获得"联合国人居安全奖"。生态效益：通过生态养护和保育性开发降低投入成本；通过中央公园、城区绿化、街区景观的合理布局，使所有新江湾城市民共享生态资源，放大了上海市区唯一一块自然生态"绿宝石"和湿地生态住宅区的生态效应。我们在城区内设立了环保监测站和生态监测站，优质的生态环境成为导入优质公共服务资源和国际知名二级开发商的充分前提条件。

第三章 持续打造"创新、人文、生态之城"

在创新中塑形，在创新中铸魂。

强化湾谷科技园区的功能建设，进一步建设更具活力的繁荣创新之城，必须以上海"加快建设具有全球影响力的科技创新中心"、杨浦区打造大众创业万众创新示范基地为契机，通过知识型校区、科创园区和生态型社区的共同打造，提升城区发展的活力，服务高新科技和创新创业产业的空间打造和产业集聚，完善城区产业配套服务，包括智能化建设、金融创新、政策扶持、人才服务设施配置等，充分发挥知识溢出效应，打造国家技术转移东部中心。

1. 全力打造国家技术转移东部中心

杨浦科技创业中心总经理谢吉华在《口述杨浦

改革开放（1978—2018）》中，特别提到了"开展技术转移战略布局"——

2012 年，我们杨浦科技创业中心以 15 亿元向上海城投购入湾谷科技园的 4 处房产，并与之开启全面战略合作，共同成立湾谷科技园管理有限公司。90 万平方米的科技园，核心是什么，我们一直在考虑这个问题，必须要从基础入手，打造一个全新平台，可以在新的平台上继续为企业提供服务。

关于这个平台，我们看中了技术转移，看中了技术创新服务。

2012 年时，党的十八大明确提出我国开始进入创新型国家，创新驱动成为国家战略，作为孵化器，我们本身就走在创新创业的最前沿，从那时起我们就开始思考，在创新型国家建设过程中和上海的整个经济转型的过程中，孵化器是不是可以提升自己的功能和责任。我们希望我们做的不仅是企业的孵化，而是要推动整个专业化的产业发展，形成专业技术的集聚，进而形成产业的集聚来带动产业的孵化，这中间的核心就是技术转移。

2015 年 4 月，历经两年多的筹备，国家技术转移东部中心于杨浦的湾谷科技园揭牌成立，也标志着我们近年来着力开拓的技术转移业务实现了重大突破。

技术转移实际上是一个世界性的难题，特别在我国原先的体制下，我国的大学和科研院所的科研成果距离产业化存在着巨大的落差，但我们认为这会是一个发展趋势，这个现状一定会改变。为此，我们建立了国家技术转移东部中心，在这个平台的建设过程中，我认为有三点非常重要，第一，是形成全球范围的布局。过去 5 年，我们先后在波士顿和伦敦建立了上海张江波士顿企业园和伦敦科控孵化器，今年我们的目标是希望能够在德国建立第三个海外实体园区，构建全球的技术转移的网络体系。第二，是由孵化转变成一个技术转移的能力。或者说是让技术产业化的能力，这将是考验我们科技创新事业的一个新的挑战。第三，是产业集聚。技术转移的产业落地以后，我们从企业孵化向产业孵化转型的价值在于形成产业集聚。那产业应该落在哪里？所以我们提出立足于上海，形成长三角的协同发展，来服务于全国，我们认为也是上海的责任。

2018 年，国家技术转移东部中心正式启动了科技成果转移转化服务功能型平台的建设工作，这个平台也是上海市政府 18 个研发与转化功能型平台中唯一的软性服务平台，将通过聚焦建设科技成果库、打造服务商集群及技术交易平台，解决现有科技成果转化过程中的痛点和难点，真正打通成果转化的血脉。

目前，国家技术转移东部中心已铺设起包括长三角区域、甘肃、新疆、新加坡、荷兰、英国、美国、俄罗斯等地在内的技术渠道 50 个；设立北美、欧洲、新加坡 3 个海外分中心；签约长三角省市合作机构近 20 家、建设国内分中心 5 个；形成开放创新、软着陆、高校成果转化、东部智库、东部资金池、行业服务包、东部众创和东部实验室八大特色服务包。通过集聚科研成果、技术转移中介机构、技术交易展会资源、专业服务机构，在技术转移市场确立规则、指导流程、提供业务示范。通过布局全球，推动技术转移要素流动，发挥上海地区优势，一个以上海为核心，辐射长三角发展带，覆盖丝绸之路经济带和南亚地区乃至全球的空间格局基本形成。

不过，一切还在努力之中，谢吉华相信，在不久的将来，还会有更好的发展、更好的前景。

2. 不断完善卓越全球城市功能要素配置

进一步推进新江湾城内国际化要素的引进和建设，加快德法学校的建设工作，2018 年实现竣工交付；在区政府主导推进下加快英语系国际学校的引进；加快实施国际医院、宗教设施等要素的引进工作。不断优化形成符合卓越全球城市要求的功能配套布局，使新江湾城以及周边区域进一步吸引国际人才和企业的进入和长期发展。进一步推进基础设施的完善，尽快推进目前尚未打通的军工路等与周边区域连接的道路，使新江湾城进一步发挥对周边区域的资源辐射和对接作用，未来将配合上海城市总体开发要求，发挥土地的弹性适应功能，进一步优化调整空间功能和形象，形成浦江北岸新的特色滨江带。

自 2003 年建设知识创新区以来，杨浦区双创（创新、创业）工作敢于创新、敢于突破，取得了长足发展，从"知识创新区"到"国家创新型试点城区"，到"上海科创中心重要承载区"，再到"国家双创示范基地"，杨浦的双创之路越走越宽阔。

此外，为满足社会多元、多样的教育需求，打造国际化社区，提升区域国际化水平，杨浦区在新江湾城启动"上海杨浦德法学校项目"，为杨浦及周边地区的外籍学生提供"家门口的国际学校"优质教育资源。2013 年，由我们城投置地牵线引荐，杨浦区开始和上海德法学校讨论在杨浦进行国际学校项目合作的可能性。2014 年 11 月，上海杨浦德法学校项目《投资合作备忘录》签约。2015 年 9 月，上海德国学校与上海法国学校共同出资筹建上海杨浦德国学校和上海杨浦法国学校事宜获批。2016 年 4 月，上海杨浦德国学校、上海杨浦法国学校土地移交签约仪式在上海城投置地（集团）有限公司举行。2017 年 12 月 3 日上午，上海杨浦德国学校和上海杨浦

德法学校

法国学校开工奠基。奠基仪式上，杨浦区委副书记、区长谢坚钢代表区政府对上海杨浦德法学校项目奠基表示祝贺。谢坚钢表示，杨浦正在建设具有全球影响力的科创中心重要承载区和国家双创示范基地，激励和吸引了大量创业、创新的国际化的高端人才，杨浦在为这些海外人才营造良好的工作环境的同时，也将为他们的子女就近的入学提供更优质的教育服务，提升区域国际化水平。杨浦法国学校董事长 Bernard Pora、杨浦德国学校董事长 Ralph Koppitz、法国驻上海总领事馆总领事 Axel Cruau、德国驻上海总领事馆副总领事 Joern Ekkehard Beissert、上海城投（集团）有限公司副总裁刘强分别致辞。该项目位于殷行路、江湾城路。校区共 5 万平方米的总面积，将接纳 1600 名以德语及法语为母语的孩子，从幼儿园直至高中毕业。

同时，2019 年 8 月 29 日，由我们城投置地负责代建的复旦大学第二附属学院也已顺利通过项目综合竣工验收，受到了杨浦区、复旦大学和学校领导的肯定和表扬。该校为九年一贯制学校。学生总人数共计 3040 人。其中小学 40 班，40 人／班，共 1600 人；初中 32 班，45 人／班，共 1440 人。总建筑面积 49800 平方米，其中地上 37502 平方米，地下 12298 平方米。学校由北部中学区、南部小学区和中部办公区组成，东部为 400 米标准跑道和足球场。中学部含 500 人小剧场，规模为小型，剧场等级为丙等。

德法学校与复旦二附中优质教育资源的落地，更凸显了新江湾城作为国际智慧城，并在完善卓越全球城市功能要素配置上又迈出了坚实的一步，添上了浓墨重彩的一笔。

3. 不断推进高价值区段产业功能布局

在"湾谷"一期的基础上，城投置地继续打造更有富有特色亮点的"湾谷"二期。

为了实现把湾谷科技园打造为"上海高新总部聚集区、双创新高地"的目标，城投置地正在全力开发建设湾谷科技园二期。"湾谷"二期将秉承一期的成功经验，进一步优化升级，以打造更优质、更高端的商务办公园区，建设更为丰富的多类型办公产品，满足更多企业的办公需求。同时，为了吸引总部企业和双创类企业的入驻，特设置租赁住宅填补新人才、员工住房的需求，建设更完备的配套设施，全方位地为"湾谷"形成众多产业及知名企业聚集区创造有利条件。

湾谷科技园二期于 2017 年 5 月开工，预计 2019 年 12 月底竣工，总建筑面积约为 19.5 万平方米，地上部分建筑面积约为 14.2 万平方米，包含 3 栋高层研发办公楼、4 栋高层租赁住宅、15 栋花园定制研发办公楼及配套设施。地下总建筑面积约为 5.2 万平方米，主体为地下一层，局部有地下二层，主要功能为机动车库、设备用房及少量配套用房。

设计充分考虑城市空间结构关系和基地的比例特点，从中国传统的筑城方式出发，力求营造一个和谐统一且高低错落的建筑群体，在提供优良办公条件的同时，形成完整的高品质外部环境。二期规划以一条与一期有机结合的曲线景观步道及一系列带有中庭花园的办公组团院落组成，旨在结合一期共同打造一座大型生态办公园区，为在此上班的人们提供一个优良的办公环境，并创造一个符合客户未来市场发展需要和期望的灵活办公空间。办公楼造型挺拔，以坚固的竖向线条为要素，呼应向上的建筑形象，创造二期"稳重、大气、内敛"的建筑形象，彰显建筑特征，既与一期和谐延续，又体现了二期的独特性格。二期建成后将与"湾谷"一期互相补充，互相促进，共同展现新江湾城的科技创新实力，成为提升该地区城市形象的最重要建筑群。

在经济全球化主导的产业价值区段配置过程中，推进高价值区段的产业空间打造，借助湾谷科技园二期和南部商务知识区办公空间建设，大力支持高新技术、创新创业产业的发展，奠定新江湾城作为高价值产业核心区域的基础；继续引进国际著名企业的入驻，提高全球经济投资比例。同时也加快吸取国际先进经验，为本土企业培育实现全球化形成良好氛围。

4. 不断促进国际化、内涵式、可持续发展

经济发展新常态阶段，呼应上海迈向卓越全球城市和具有世界影响力的社会主义现代化国际大都市的要求，新江湾城继续深入内涵式发展，打造"创新之城、人文之城、生态之城"。

伴随信息科技发展进入新高度，网络经济全球化持续给传统经济体带来冲击，全球产业链以价值区段分布形成新的空间布局，劳动力市场格局同步转变。对应中国经济可持续发展要求，上海正全面打造"具有全球影响力的科创中心"，杨浦区正努力建设全国"双创示范基地"。相应地，在城市发展层面，上海新一轮城市总体规划（2017—2035年）提出了：至2020年建成具有全球影响力

的科技创新中心基本框架，基本建成国际经济、金融、贸易、航运中心和社会主义现代化国际大都市；至 2035 年基本建成卓越的全球城市，令人向往的创新之城、人文之城、生态之城，具有世界影响力的社会主义现代化国际大都市的目标。未来，我们将围绕目标开展工作，践行紧约束下的睿智发展，进一步完善好城市和经济发展提出的空间功能需求，进一步发挥好对卓越全球城市的区域引领作用，不断推进新江湾城的国际化、内涵式、可持续发展，进一步成为体现"创新、协调、绿色、开放、共享"城市发展理念的示范案例。

一是进一步建设更具活力的繁荣创新之城。以上海"加快建设具有全球影响力的科技创新中心"，杨浦区打造大众创业万众创新示范基地为契机，通过知识型校区、科创园区和生态型社区的共同打造，提升城区发展的活力。强化湾谷科技园区的功能建设，服务高新科技和创新创业产业的空间打造和产业集聚；完善城区产业配套服务，包括智能化建设、金融创新、政策扶持、人才服务设施配置等，充分发挥知识溢出效应，打造国家技术转移东部中心。

二是进一步营造更富魅力的幸福人文之城。强化社区概念，深入打造社区功能，营造开放、交流、多元的社区文化环境。充分认识公共空间对社区安全和亲情的围拢作用，通过社区公共空间的深入打造，促进社区思想、文化交流，激发城区内部活力，形成可承续的文脉和特色。

三是进一步建设更可持续发展的韧性生态之城。继续维护好新江湾城原有的生态基底，要最大程度集约利用资源，创建健康、清洁、高效能、碳足迹最低化的宜居宜业宜创城区环境，并为城区的可持续发展预留资源和空间。

　　上海迈向卓越的全球城市，是国家使命，由城市担当，上海城投作为上海城市投资、建设、运营主体，应当使新江湾城成为重要载体。

上 海 新 江 湾 城 的

前 世 今 生

尾 声

这是一场集自然、人文于一体的活力之旅。

自 2015 年以来，每年 11 月前后，在新江湾城，要组织举行一场跑步活动。2017 年，这是连续第三年的活动，11 月 5 日早晨 7 点，"2017 年杨浦新江湾城半程马拉松"在新江湾城鸣枪开赛。这项赛事是中国田径协会认定的马拉松 A 类赛事，主题是"YOUNGPLUS—用奔跑造青春"。

早在 2017 年 8 月，就成立了上海杨浦新江湾城半程马拉松组委会，召开了赛事新闻发布会。发布会宣布，这是杨浦区举办的首个半程马拉松赛事，比赛除了选址在中心城区不可多得的生态湿地——新江湾城之外，路线设计方面，还将创造性地穿越复旦大学江湾校区等著名高校。新江湾城不仅风景秀美、空气清新，还有誉满中华的复旦大学新校区和跳动着欢快音符的上海音乐学院实验学校，赛事主办方表示，希望能够借此次活动为契机，传递出杨浦"创新"与"活力"、"拼搏"与"进取"的精神风貌和人文魅力，与社会各界朋友增进了解、深化友谊，加快推动国家创新型城区、上海科创中心重要承载区、更高品质国际大都市中心城区和国家双创示范基地建设。

发布会上，播放了新江湾城展示片，娓娓动人的解说直击人心——

开跑之前，本次半马的举办地——新江湾城的魅力，让我们先一睹为快吧。

这里是新江湾城，坐拥上海市区，仅有的原生湿地资源。芦苇丛生，野鸟聚集，是上海珍贵的"绿宝石"。

这里是新江湾城，百年复旦等十余所高校聚集于此。智慧推动创新，众多尖端产业汇集"东方新硅谷"。

2017 上海杨浦新江湾城半程马拉松，邀大家共赴一场千人青春运动会，一起感受新江湾城的活力，用奔跑造青春！

在杨浦首次举办的半程马拉松赛事共分两部分：半程马拉松和健康欢乐跑。

半程马拉松的起点在耐克总部园区江湾城路，途经新江湾城主要街道，终点为复旦大学江湾校区东门；健康欢乐跑的起点在耐克总部园区江湾城路，终点为上海音乐学院实验学校。

半程马拉松有 2100 多名中外跑友参与；3.5 公里健康欢乐跑吸引了 1700 多人报名。

　　"2017年杨浦新江湾城半程马拉松"开赛当天上午7点，起跑仪式开始，上海市体育局党委书记、局长徐彬，中共杨浦区委书记李跃旗，上海体育学院党委书记戴健，复旦大学党委副书记许征等担任发令嘉宾。发令枪响后，"泳池伉俪"陆滢和施扬来到现场，带领大家起跑。一路上，志愿者为选手加油助威，做好保障工作。因为赛事终点设在复旦大学新江湾校区，这是全国首次跑进高等学府的马拉松，寓意着每位赛道上奔驰的跑者都是青春的代言人。

　　绿色的新江湾城风景如画，跑者在运动中领略名校风采、感受创新活力。而校内的终点门、充满仪式感的校园仪仗队、完赛的"毕业证书"等环节，让所有参与者重温宝贵的青春岁月。最终，来自肯尼亚的选手Reuben Kiplangat以1小时8分02秒获得男子半马冠军，中国籍选手杨帅最终以13秒之差惜败肯尼亚选手，以1小时8分15秒的成绩获得第二名；女子组前六名都被中国选手包揽，来自上海体育学院的李芷萱以1小时17分29秒获得女子第一名。

　　参加健康欢乐跑的90组家庭还共同完成"向家的方向奔跑"主题活动，由家人在等候区利用空白KT板和画笔随意创作，并在小朋友到达终点时送上祝福满满的爱心画，一起完成温馨合影，让马拉松升级为一场温馨的亲子陪伴之旅。

　　而更有意义的是青年创客在马拉松终点发起的"拯救瓶子行动"——

　　一场马拉松下来，地上难免有被随手丢弃的塑料瓶，但在2017上海杨浦新江湾城半程马拉松赛场内外，地上是清一色的干净，不少参赛者还在赛后忙着当"清道夫"，捡拾废弃瓶子。在马拉松终点站，一场"拯救瓶子行动"正在悄然进行。

"你有喝完的瓶子吗？能给我一个吗？"在此次半程马拉松比赛终点站，刚刚带着孩子跑完亲子场的陈小姐正在向记者要喝完的瓶子，并透露了一个讯息，只要集满 12 个空瓶子就可以换一件纪念 T 恤。

果然，在赛场的尽头，有一个挂着"拯救瓶子的终点"横幅的兑换点。不少参赛者拎着一袋空瓶子过来兑换 T 恤，参与"好瓶计划"公益活动。当天上午 10 点多，纸箱里的瓶子已经堆起了一定的高度。"我捡了 10 多分钟好不容易才搜集到 12 个呢。"刚刚捡完瓶子的黄小姐告诉记者，以前也看到赛事结束后地上会有空瓶，但从未想到去捡，但这次通过这场特别的兑换活动，让空瓶子主动"回归"，非常有社会意义。

不一会儿，一位浑身挂满了布袋的参赛者来到现场。这是此次"拯救瓶子行动"招募的两位在赛道上捡拾塑料瓶的志愿者之一刘振源，此时此刻，他身上的布袋里装了几十个捡来的瓶子，吸引了不少参赛者求合影。"我记得我跑到 8 公里的时候捡到第一个瓶子，15 公里后才逐渐多了起来，大概是因为后来选手的补给比较多。但总体来说，随手乱扔的情况不是特别多。"在工作人员的验证下，他一共捡到 47 个瓶子。

1986 年出生的刘振源告诉记者，他以前是做媒体的，现在在做艺术教育的普及。之所以报名当志愿者，不是为了作秀，而是希望用自己的实际行动来传递环保的正能量。"路上很多人问这个装备是干什么的？当我告诉他们后，他们有的和我合影，有的为我鼓掌，我很受鼓舞。"

"我们已经参加了兰州国际马拉松、雄安马拉松，此次上海杨浦新江湾城半程马拉松赛是第三场。一个人的力量非常有限，我们希望用这场互动的方式去增强大家的环保回收意识。"策划这场活动的负责人是位 1988 年的创客，她说，"要知道 12 个瓶子可以做一件 T 恤，3 个瓶子可以做一个背包。我的想法得到了铁人三项爱好者和马拉松深度爱好者的赞同，我们相信'聪明是天赋，善良是选择'这句话，选择了用社会创新的方式去改变社会。现在我们在做马拉松赛事塑料瓶的回收。"

回头说我自己。

我参与了 2017 年杨浦新江湾城半程马拉松，并不仅仅因为这是一场集自然、人文于一体的活力之旅，而是我始终都觉得，"新江湾城半程马拉松"是具有其象征意义的，新江湾城建设到今天，并没有跑完全程，还是半程，还要继续前行，还要继续"21 世纪知识型、生态型花园城区"的行程。

我在上海城投为庆祝改革开放 40 周年开展的以"再回首、再出发"为主题的口述历史活动中，就"新江湾城开发历程"这一专题展开时，也表明了我的心迹："新江湾城现在知名度也很响，杨浦区是我们产业、教育集聚区域，包括我们上海市领导和杨浦区的领导，对新江湾城这个土地也很关心。新江湾城现在随着我们城市建设的发展，进程也越来越成熟，那么，未来新江湾城地铁 10 号线要延伸，原来 10 号线到新江湾城，现在据说 10 号线二期明年就要通到浦东外高桥了。另外，就是随着我们复旦校区的二期建设等。我们也想把新江湾城二期的科技园区建设，在第一期的基础上，建设得更有亮点。"

在打造"创新、人文、生态之城"中，我们必须在经济全球化主导的产业价值区段配置过程中，推进高价值区段的产业空间打造，借助湾谷科技园二期和南部商务知识区办公空间建设，大力支持高新技术、创新创业产业的发展，奠定新江湾城作为高价值产业核心区域的基础；继续引进国际著名企业的入驻，提高全球经济投资比例，同时也加快吸取国际先进经验，为本土企业培育实现全球化形成良好氛围。

　　我会拭目以待，我们都将拭目以待：在另一场集自然、人文于一体的活力之旅中，去看一个更新更美的新江湾城。

后 记

现在想起来，《浦江一湾》这个书名是早就起好了的。

黄浦江，浩浩汤汤，从战国时期楚国令尹春申君黄歇浚治的传说中奔流而来，从明永乐年间 20 万河工胼手胝足的开凿中奔流而来，流成了一条镌满着历史经典的河，流成了一条孕育着上海城市文明的河，流成了一条承载着上海走向世界的时代使命的河。

江湾江湾，一江之湾，原是黄浦江流向长江的一个大湾，且又是最大的一个湾，叫成"浦江一湾"理所当然。

基因与机遇，这个"湾"也体现在新江湾城的定位转变中：从仅仅满足住房功能改善的大型居住区到 21 世纪知识型、生态型"第三代国际社区"，"湾"出了一个立足城市更新、体现先进开发理念的新起点，"湾"出了一条体现"创新、协调、绿色、开放、共享"城市发展理念的新路子。

我想把这个"湾"展示得完美一点。

在成书的过程中，我请教了许多领导和新江湾城建设的参与者，他们以自己的亲历和回忆充实了我所需要的素材，在此，谨表示我的衷心感谢。

在成书的过程中，我收集了许多资料，并且在这本书里进行了引用或摘录，在此，谨向这些资料的作者和提供者表示衷心感谢。

在成书的过程中，我获得了上海世纪出版集团、上海市城市经济学会、上海城投（集团）领导和老师的支持和帮助，在此，谨表示我的衷心感谢。

在成书的过程中，我也获得了我的许多朋友的鼓励和支持，在此，谨表示我的衷心感谢。

因为这些领导、老师、朋友和方方面面人士的厚爱，让我在编著《浦江一湾》的过程中，也"湾"出了人生的精彩。

由于时间紧、跨度大，加之本人的水平所限，书中的疏漏和不足之处在所难免，欢迎批评和指教。

2019 年 11 月

图书在版编目(CIP)数据

浦江一湾:上海新江湾城的前世今生/赵勇著. —
上海:学林出版社,2020.4
ISBN 978 - 7 - 5486 - 1644 - 3

Ⅰ.①浦… Ⅱ.①赵… Ⅲ.①城市规划-研究-上海
Ⅳ.①TU982.251

中国版本图书馆 CIP 数据核字(2020)第 047529 号

责任编辑 楼岚岚 许苏宜
封面设计 汪 昊

浦江一湾
——上海新江湾城的前世今生
赵勇 著

出   版 **学林出版社**
          (200001 上海福建中路 193 号)
发   行 上海人民出版社发行中心
          (200001 上海福建中路 193 号)
印   刷 上海丽佳制版印刷有限公司
开   本 720×1000 1/16
印   张 20.25
字   数 22 万
版   次 2020 年 4 月第 1 版
印   次 2021 年 4 月第 3 次印刷
ISBN 978 - 7 - 5486 - 1644 - 3/T · 5
定   价 98.00 元